21世纪高职高专规划教材·新闻传播系列

网络信息采集与利用

贾朝辉　编著

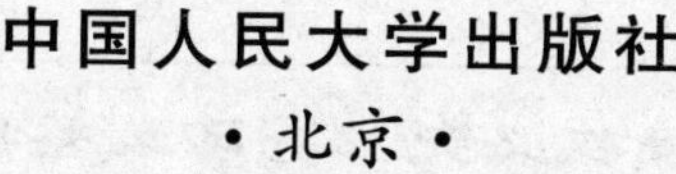
中国人民大学出版社

·北京·

图书在版编目(CIP)数据

网络信息采集与利用/贾朝辉编著
北京：中国人民大学出版社，2010
21世纪高职高专规划教材·新闻传播系列
ISBN 978-7-300-11920-5

Ⅰ.①网…
Ⅱ.①贾…
Ⅲ.①计算机网络-情报检索-高等学校：技术学校-教材
Ⅳ.①G354.4

中国版本图书馆CIP数据核字（2010）第053413号

21世纪高职高专规划教材·新闻传播系列
网络信息采集与利用
贾朝辉　编著

出版发行　中国人民大学出版社
社　　址　北京中关村大街31号　　**邮政编码**　100080
电　　话　010－62511242（总编室）　010－62511398（质管部）
010－82501766（邮购部）　010－62514148（门市部）
010－62515195（发行公司）　010－62515275（盗版举报）
网　　址　http://www.crup.com.cn
http://www.ttrnet.com（人大教研网）
经　　销　新华书店
印　　刷　北京东方圣雅印刷有限公司
规　　格　185 mm×260 mm　16开本　　**版　　次**　2010年6月第1版
印　　张　10.25　　**印　　次**　2014年7月第2次印刷
字　　数　250 000　　**定　　价**　20.00元

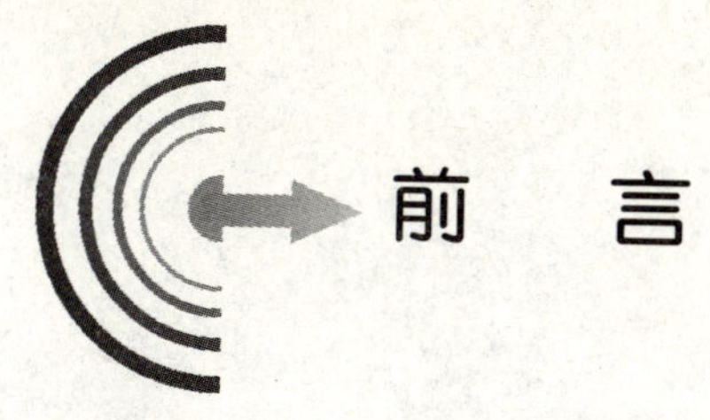

前　言

随着科技的发展，信息的总量在迅速增长，网络信息采集方式也在进行着革命性的发展，对信息质量的要求不断提高。根据第 25 次《中国互联网络发展状况统计报告》，截至 2009 年年底，中国网民数量已经达到 3.84 亿，互联网普及率稳步上升，这既给网络信息的采集与利用提出了更高的要求，也提供了现实基础。

本书从教学实践出发，理论和实践相结合，系统地阐述了与网络信息采集与利用的相关内容。第一章为网络信息资源概论；第二章介绍了网络信息处理方式及关键技术；第三章介绍了搜索引擎及其使用；第四章介绍了其他网络信息资源及其使用；第五章介绍了联机检索技术及其应用；第六章介绍了网络学术数据库信息采集；第七章介绍了非万维网网络信息的采集；第八章介绍了网络信息编辑；第九章介绍了网络竞争情报采集与分析。

本书在编写过程中得到许多同行和北京第二外国语学院图书馆的大力支持，特别是中国人民大学出版社的大力支持，也参阅了大量的相关著作和网站，在此表示衷心的感谢！

本书在编写过程中，注重内容更新，紧跟现代检索技术的发展，然而作者能力、知识有限，错误、疏漏之处在所难免，请读者予以批评指正。

编者

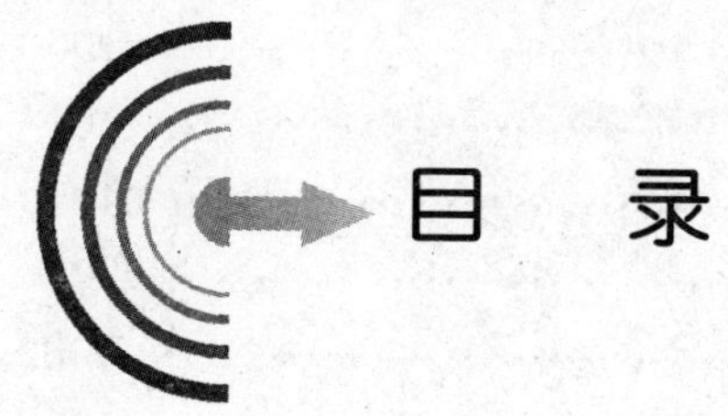

目　录

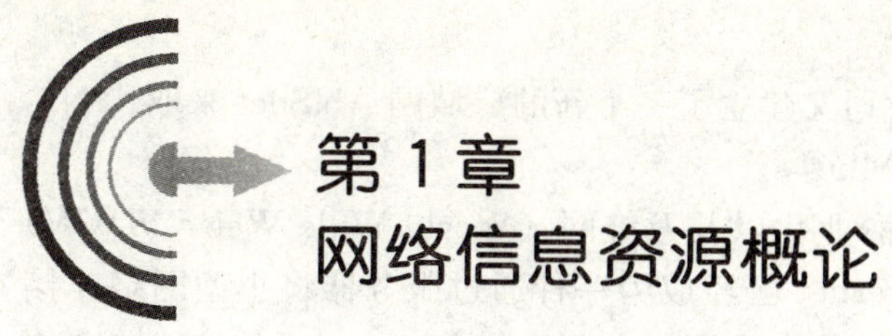

第1章 网络信息资源概论

1985年3月下旬，在18家主要飞机制造厂家的激烈竞争中，默默无闻的巴西航空工业公司一鸣惊人、独占鳌头，赢得了英国空军的招标，向英国售出了130架图卡诺T-27型军事训练飞机，成交额达两亿美元，使全世界的飞机制造商们震惊不已。

这家建厂仅16年的年轻企业力挫群雄，领先中标的奥秘何在呢？答案是两个字：信息。

在1982年英国法恩巴勒航空博览会上，巴西航空工业公司的创始人、总经理奥济雷斯·西尔瓦上校，获悉英国空军正在认真研究取代他们在第二次世界大战后一直使用的训练机，于是，在展览会内外频繁开展活动，通过有关渠道证实英国空军对新飞机的主要要求：一是耐用，至少飞行30年；二是要在7分钟内升高到1.5万英尺。

西尔瓦按英国空军的要求生产了图卡诺飞机，以便申请投标。经过一年准备，以有利条件展开竞争。英国空军十分欣赏这种飞机的性能及其先进的电子系统。同时，图卡诺飞机价格便宜，每架售价120万美元，这也是吸引英国买主的重要原因。

本章重点知识

- 互联网的基本概念
- 网络信息资源的类型
- 网络信息检索的基本方法
- 网络信息采集与应用的趋势

第1节　互联网概况

互联网（Internet）起源于1969年的一个广域网计划，当时美国国防部的高级研究计划署（Advanced Research Project Agency，ARPA）为了使一些异地计算机能共享数据，方便开展研究工作，于是以一定的方式将这些计算机连接起来，就形成了Internet的前身ARPAnet。最初，ARPAnet主要用于军事研究。1972年，ARPAnet在首届计算机后台通信国际会议上首次与公众见面，并验证了分组交换技术的可行性，由此，ARPAnet成为现代计算机网络诞生的标志。

1985年，美国国家科学基金会（NSF）以六个为科研教育服务的超级计算机中心为基础，建立了NSFnet，并将其连到Internet上。

1987年，NSF开始进行NSFnet的升级工作。通过与MERIT、IBM和MCI公司合作，把NSFnet的骨干网的传输速度从原来的64kbit/s提高到1.44Mbit/s。该网络在1988年夏季成为 Internet 的主干网。

1992 年，MERIT、IBM 和 MCI 三家公司又建立了一个新的广域网 ANSnet 来取代 NSFnet，其传输速度从 1.44Mbit/s 提高到 45Mbit/s。

20 世纪 90 年代以来，随着 Internet 的商业化以及万维网（World Wide Web，WWW）的出现，Internet 逐渐走向民用。现在，Internet 已经成为一种通过服务器将小型网络连接起来的错综复杂的网络结构。大部分情况下，服务器通过专门进行 Internet 通信的线路来传输数据，个人计算机则通过电话线和调制解调器或直接线路等方式连接到这些服务器上。直接线路一般是高速的电信线路，专门用于建筑物之间或组织之间传输数据。而标准的电话线路或特殊的数字线路（如 ISDN 线路），则通常用于连接个人计算机。

根据中国互联网络信息中心（CNNIC）的《全球互联网统计信息跟踪报告》提供的数据，截至 2009 年 12 月，全球网站数约为 2.34 亿个，网民数约为 17 亿人。Internet 已经成为高效传递信息的方法和途径。

一、互联网在中国的发展阶段和现状

Internet 的迅速崛起，引起了全世界的关注，我国也非常重视信息基础设施的建设，注重与 Internet 的连接。Internet 在中国的发展历程大致可划分为三个阶段：

第一阶段为 1986 年 6 月至 1993 年 3 月，是研究试验阶段。

在此期间中国一些科研部门和高等院校开始研究 Internet 互联网技术，并开展了科研课题和科技合作工作。这个阶段的网络应用仅限于为少数高等院校和研究机构提供电子邮件服务。

第二阶段为 1994 年 4 月至 1996 年，是起步阶段。

1994 年 4 月，中关村地区教育与科研示范网络工程进入互联网，实现与 Internet 的 TCP/IP 连接，从而开通了 Internet 全功能服务，从此中国被国际上正式承认为有互联网的国家之一。之后，Chinanet、CERnet、CSTnet、ChinaGBnet 等多个互联网络项目在全国范围相继启动，互联网开始进入公众生活，并在中国得到了迅速的发展，利用互联网开展的业务与应用逐步增多。

第三阶段从 1997 年至今，是快速增长阶段。

据中国互联网络信息中心公布的统计报告显示我国网民数增长迅速，截至 2009 年 12 月，网民数已达到 3.84 亿人。从接入方式上看，宽带网民数达到 3.46 亿人，手机网民数达到 2.33 亿人，这两种接入方式发展较快。我国几家骨干网的国际出口带宽数见表 1—1，中国分类域名数见表 1—2。

表 1—1　　我国几家骨干网的国际出口带宽数

	国际出口带宽数（Mbit/s）
中国电信	516 650.2
中国联通	298 834
中国科技网	10 322
中国教育和科研计算机网	10 000
中国移动互联网	30 559
中国国际经济贸易互联网	2
合计	866 367.2

数据来源：《中国互联网络发展状况统计报告》（2010 年 1 月）。

表 1—2　　中国分类域名数

	数量（万个）	占域名总数比例
cn	13 455 541	80%
com	2 783 652	16.6%
net	438 662	2.6%
org	136 954	0.8%
合计	16 814 809	100.0%

数据来源：《中国互联网络发展状况统计报告》(2010 年 1 月)。

二、互联网术语

1. 通信协议（TCP/IP 协议）

TCP 是传输控制协议（Transmission Control Protocol）的缩写，IP 是互联网协议（Internet Protocol）的缩写。TCP/IP 是 Internet 使用的一组协议，是为跨越局域网和广域网的大规模网络互联而设计的，是目前各国都遵守的网际互联网标准。TCP/IP 所做的就是将许多小网联成一个大网，并在这个大网也就是 Internet 上提供应用程序所需要的相互通信的服务。实际上，TCP/IP 是一个包括邮局协议 3（Post Office Protocol 3，POP3）、简单邮件传输协议（Simple Message Transfer Protocol，SMTP）、文件传输协议（File Transfer Protocol，FTP）等 100 多个协议在内的协议簇，而其中最重要的就是 TCP 和 IP。IP 协议保证数据的传输，即信息的实际传送；TCP 协议保证数据传输的质量，即保证所传送的信息是正确的。凡是要连接到 Internet 的计算机，都必须同时安装和使用这两个协议，因此在实际中常把这两个协议统称为 TCP/IP 协议。

2. IP 地址

为了使连入 Internet 的众多计算机主机在遵照 IP 协议通信时能够相互识别，Internet 中的每一台主机都分配有一个唯一的 32 位地址，该地址称为 IP 地址（64 位地址，第二代互联网协议 IPv6，已经研究成功）。根据 TCP/IP 协议规定，IP 地址由 32 位二进制数组成，并且在 Internet 范围内是唯一的。

例如，某台连在互联网上的计算机的 IP 地址为：11010010010010011000110000000010。很明显，这些数字对于人来说不太好记，为了方便记忆，将组成计算机 IP 地址的 32 位二进制数分成 4 段，每段 8 位，中间用小数点隔开，然后将每 8 位二进制数转换成一个十进制数（可取值 0～255），各数之间用一个点“.”分开，这样上述计算机的 IP 地址就变成了：210.73.140.2。

Internet 网络信息中心（Internet NIC）统一负责全球 IP 地址的规划和管理。通常每个国家成立一个组织，统一向国际组织申请 IP 地址，然后再分配给用户。由于各国的网络规模差别较大，有的主机多，有的主机少，所以根据网络规模的大小将 IP 地址分为 A、B、C 三大类。除了上述三大类 IP 地址外，还有 D、E 两类特殊 IP 地址。IP 地址编址方案如图 1—1 所示。

(1) A 类地址：该地址主要用于世界上少数的具有大量主机的网络，主机容量为 16 777 216台，但因数量有限，故仅有很少的国家和网络才可获得此类地址。A 类地址首位为 0，网络地址占 7 位，主机地址占 24 位。IP 地址范围为 0.0.0.0～127.255.255.255。

(2) B 类地址：此类地址用于适量的、规模适中的网络，主机容量为 65 536 台。随着

Internet 的迅速发展，现在也很难分配到此类地址。B 类地址前 2 位为 10，网络地址占 14 位，主机地址占 16 位。IP 地址范围为 128.0.0.0～191.255.255.255。

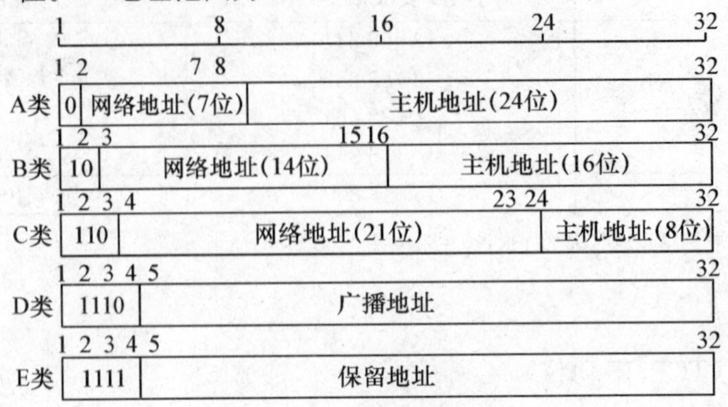

图 1—1　IP 地址编址方案

(3) C 类地址：主要用于网络数多、主机数相对较少的网络，每个网络最多不超过 256 台主机。C 类地址前 3 位为 110，网络地址占 21 位，主机地址占 8 位。IP 地址范围为 192.0.0.0～223.255.255.255。

(4) D 类地址：特殊的 IP 地址，用于与网络上多台主机同时进行通信的地址。IP 地址范围为 224.0.0.0～239.255.255.255。

(5) E 类地址：特殊 IP 地址，暂保留，以备将来使用。IP 地址范围为 240.0.0.0～247.255.255.255。

实际上，每类地址并非准确地拥有上述的 IP 地址范围，有些地址作为特殊用途使用。比如网络地址的首字节规定不能是 127、255 或 0，主机地址的各位不能同时为 0 或 1，这样 A 类地址最多只有 126 个网络地址，B 类和 C 类地址也会有类似情况。

3. 子网和子网掩码

为了提高 IP 地址的使用效率，引入了子网的概念。将一个网络划分为子网，采用借位的方式，从主机位最高位开始借位变为新的子网位，剩余的部分则仍为主机位，这使得 IP 地址的结构分为三级地址：网络位、子网位和主机位，这种层次结构便于 IP 地址的分配和管理。这类 IP 地址使用的关键在于选择合适的层次结构，即从何处分隔子网号和主机号，既能适应各种现实的物理网络规模，又可以充分利用 IP 地址空间。在 TCP/IP 中，子网掩码也是一个由 32 位二进制数组成的地址，其表示方式为：凡是 IP 地址的网络和子网地址部分，用二进制数 1 表示；凡是 IP 地址的主机地址部分，用二进制数 0 表示。子网掩码拓宽了 IP 地址的网络地址部分的范围，主要用来区分网络地址和主机地址，并说明 IP 地址是在本地局域网上还是在远程网上。

如果一个网络的计算机规模不超过 254 台，采用“255.255.255.0”作为子网掩码就可以了，现在多数局域网都不会超过这个数字，因此“255.255.255.0”是最常用的 IP 地址子网掩码。

4. 域名系统

TCP/IP 互联网中，实现机器名分级的机制称为域名系统（DNS），域名系统的使用称为域名的分级命名方案。一个域名由被分界符“.”隔开的子名字的序列组成，例如 www.tsinghua.edu.cn，含有四个标号：www、tsinghua、edu 和 cn。在域名中一个标号的任一后缀也称为域。在上例中最低层的域是 www. tsinghua. edu. cn（清华大学 WWW 服务器的域名），第三级域是 tsinghua. edu. cn（清华大学的域名），第二级域是 edu. cn（中国教育机构的域名），最高层域是 cn（中国的域名）。域名书写中将本地标号放在第一位，而将最高层域放在最后。

使用域名时必须注意以下几点：

（1）域名在整个 Internet 中必须是唯一的，当高级子域名相同时，低级子域名不允许相同。

（2）大、小写字母在域名中没有区别。

（3）一台计算机可以有多个域名（通常用于不同的目的），但只能有一个 IP 地址。

（4）主机的 IP 地址和主机的域名对通信协议来说具有相同的作用，从使用的角度看，两者没有区别，但是当所使用的系统没有域名服务器时，只能使用 IP 地址而不能使用域名。

（5）为主机确定域名时应尽量使用有意义的符号。顶级域名含义见表 1—3。

表 1—3　　　　顶级域名

顶级域名	含义	顶级域名	含义
. com	商业组织	. firm	公司、企业
. gov	政府部门	. nom	个人
. net	网络服务机构	. store	销售公司或企业
. edu	教育机构	. art	文化娱乐单位
. mil	军事部门	. info	信息服务单位
. org	非营利性组织	. rec	消遣性娱乐活动单位
. int	国际性组织	. web	突出 WWW 活动单位

除 . edu、. gov 及 . mil 三个域名为美国国内专用外，其他域名均为国际上通用的，即任何国家、地区的机构均可以把它们作为顶级域名，由 Internet NIC 负责域名的注册和管理。

中国的域名体系由中国网络信息中心负责，进行域名的管理和注册。顶级域名为 . cn，二级域名含义见表 1—4。

表 1—4　　　　中国的二级域名

域名	含义
. gov	政府部门
. org	非营利性组织
. net	网络服务机构
. com	公司、企业
. edu	教育机构
. ac	科研机构

在万维网上，每一信息资源都有统一且在网上唯一的地址，该地址被称为统一资源定位符（Uniform Resource Locator，URL），它是万维网的统一资源定位标志。

URL 由三部分组成：资源类型、存放资源的主机域名和资源文件名。例如，http://www. pku. edu. cn/news1/index. htm，其中 http 是超文本传输协议（Hyper Text Transfer

Protocol）的缩写，表示该资源类型是超文本信息，www.pku.edu.cn 是北京大学的主机域名，news1 为资源存放目录，index.htm 为资源文件名。

5. 中文域名

随着计算机技术和网络技术在中国的日益普及，接入 Internet 的用户迅速增多，为了使中国用户更好地使用 Internet，中文域名的概念被推出。

中文国际域名是由中文字符后加 .com、.net、.org 和 .cn 构成。其中中文加 .cn 由 CNNIC 进行管理，其余三种由美国的 ICANN 进行管理。不论管理者在国内还是国外，注册的中文域名在世界范围内通用。两者的不同之处有两点：第一，在 CNNIC 注册的中文加 .cn域名，其中文字将会在国标码和大五码之间自动转换，换言之，无论简体字还是繁体字，在 CNNIC 注册的中文域名只需注册一次，即可通用。但是在 ICANN 需要分别注册简、繁体域名。第二，发生纠纷后的仲裁地不同。如果因为中文加 .cn 的域名而发生了纠纷，将由 CNNIC 委托国内的权威机构进行仲裁；但是如果因为其余三种形式的中文域名而发生了纠纷，就必须由 ICANN 进行仲裁。

6. 网络实名

域名系统的使用始终不是那么直观和方便，为了更直观和方便地使用 Internet，推出了网络实名系统。

网络实名是最快捷、最方便的网络访问方式。无须 http://、www、.com、.net，企业、产品、网站的名称就是实名，输入中英文、拼音及缩写均可直达目标。网络实名提供了以下四种访问方式：

（1）中文：输入企业、产品的全称或简称即可直达目标，如“平安保险”。

（2）英文：在地址栏输入“SINA”即可访问新浪网。

（3）拼音：输入拼音、拼音字头如“pabx”也可访问平安保险的网站。

（4）数字：通过企业的电话号码、股票代码也可直达企业网站。

7. 局域网

局域网（Local Area Network，LAN）是在一个局部的地理范围（如一个学校、公司或机关）内，将各种计算机、外部设备和数据库等互相连接起来组成的计算机通信网。局域网常用于连接公司办公室或学校里的个人计算机和工作站，以便共享资源和交换信息。局域网有以下特点：

（1）覆盖范围一般在几公里以内。

（2）采用专用的传输媒介来构成网络，传输速度在（1～100）Mbit/s之间。

（3）多台（一般在数十台到数百台计算机）设备共享一个传输媒介。

（4）网络的布局比较规则，在单个 LAN 内部一般不存在交换节点与路由选择的问题。

（5）拓扑结构主要为总线型和环型。

8. 广域网

广域网（Wide Area Network，WAN）是一种跨地区的数据通信网络，通常覆盖一个国家或一个洲。广域网通常由多个局域网组成，Internet 是目前最大的广域网，由全球成千上万个 LAN 和 WAN 组成。在实际应用中，LAN 可与 WAN 互联，或通过 WAN 与位于其他地点的 WAN 互联，这时 LAN 就成为 WAN 上的一个终端系统。

9. Internet 服务器

Internet 上浩如烟海的信息资源存放在 Internet 服务器上。Internet 服务器不仅仅存放

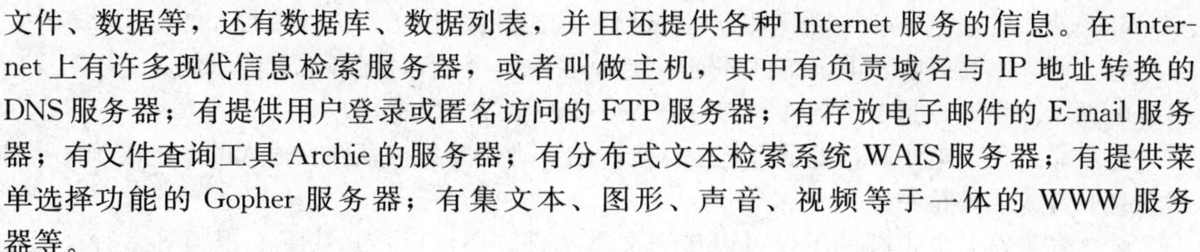

文件、数据等，还有数据库、数据列表，并且还提供各种 Internet 服务的信息。在 Internet 上有许多现代信息检索服务器，或者叫做主机，其中有负责域名与 IP 地址转换的 DNS 服务器；有提供用户登录或匿名访问的 FTP 服务器；有存放电子邮件的 E-mail 服务器；有文件查询工具 Archie 的服务器；有分布式文本检索系统 WAIS 服务器；有提供菜单选择功能的 Gopher 服务器；有集文本、图形、声音、视频等于一体的 WWW 服务器等。

10. WWW 浏览器

WWW 服务是通过客户端程序访问的，这种客户端程序被称为浏览器（Browser）。浏览器实际上是用来浏览网页的一个软件程序，用于与 WWW 建立连接，并与之进行通信。浏览器可以在 WWW 系统中根据链接确定信息资源的位置，并将用户感兴趣的信息资源取回来，对 HTML 文件进行解释，然后将文字、图像显示出来，或者将多媒体信息还原出来。最常用的浏览器有美国微软公司（Microsoft）的 Internet Explorer（简称 IE）和网景公司（Netscape）的 Netscape Communicator 等。

11. 万维网的发展前景

万维网是互联网最重要和最广泛的应用之一，利用万维网可以浏览互联网上丰富的信息资源。但是，万维网存在两个明显的不足：第一，计算机不能理解网页内容的语义；第二，网上的有用信息不易找到，即使借助功能强大的搜索引擎，检准率也比较低，在帮助用户得到成批相关网页的同时，也夹杂了许多不需要的垃圾信息。存在这些问题的根本原因在于现在的万维网采用的是 HTML，网页上的内容设计成专供人们阅读或浏览，而非供计算机理解和处理，因此计算机无法为用户提供自动处理网上数据的功能。此外，万维网是按“网页的地址”而非“网页内容的语义”来定位信息资源的。网上所有的信息都由网站发布，相同主题的信息则分散在全球众多的服务器上，同时又缺少有效的工具将不同来源的相关信息综合起来，因此形成了一个个信息孤岛，用户查找所需的信息就像大海捞针一样困难。为了使人们能够按内容的语义表达需求，迅速准确地从成千上万的网页中过滤出自己感兴趣的内容，同时使计算机能够理解网页内容，帮助人们处理许多烦琐的日常事务，1998 年，“万维网之父”英国科学家蒂姆·伯纳斯·李教授，在发明万维网 10 年之后，提出了下一代万维网——语义网（The Semantic Web）的理念。

语义网是对万维网本质的变革，它的主要开发任务是使数据更加便于计算机处理和查找。计算机可以在互联网上的海量资源中找到用户所需要的信息，从而将万维网中一个个现存的信息孤岛发展成一个巨大的数据库。语义网将是一个能够理解人类语言的智能网络，可识别信息的意义，并对信息自动进行解释、交换和处理。一台同语义网连接的计算机可筛选出用户所需要的信息，并自动将这些信息传送到不同的装置和设备中去。例如，用户想报名参加一个研讨会，语义网通过计算机就可自动地将联系方式和研讨会日程安排传送到他的电子日历软件或手机上。

三、Internet 提供的服务

1. 电子邮件

电子邮件（Electronic Mail，E-mail）是一种通过网络实现相互传送和接收信息的现代化通信方式，它与邮局收发的普通信件一样，也是一种信息载体。但电子邮件与普通信件相比具有以下优点：

- 快速。发送电子邮件后，只需几秒钟就可通过网络传送到邮件接收人的电子邮箱中。
- 方便。书写、收发电子邮件都通过计算机完成，没有时间和地点的限制。
- 廉价。发送一封电子邮件平均只需几分钱甚至完全免费。
- 可靠。每个电子邮箱地址都是全球唯一的，确保邮件按发件人输入的地址准确无误地发送到收件人的邮箱中。
- 内容丰富。电子邮件不仅可以传送文本文件，还可以传送声音、视频等多种类型的文件。

（1）电子邮箱的申请。

进行电子邮件收发之前必须先申请一个电子邮箱。提供电子邮件服务的网站很多，只需登录相应的网站，根据提示填写好资料即可注册申请电子邮箱。可以申请收费电子邮箱或免费邮箱，其申请方法基本相同。

用户每申请一个电子邮箱账号都会有一个电子邮件地址，相当于用户在邮局租用了一个邮政信箱。电子邮件地址分为两部分：邮箱账号和邮件服务器名，中间用“@”符号隔开。比如一个电子邮箱地址：“bossby@sina.com”，邮箱账号是“bossby”，邮件服务器是“sina.com”；当邮件发过来时，是发到“sina.com”服务器中的“bossby”账号所对应的邮箱中。

（2）电子邮箱的使用。

电子邮箱申请成功后，先登录邮箱所在的网站（即申请邮箱时的网站），然后单击“邮件中心”或“邮件”超级链接，在“用户名”文本框中输入用户的邮箱账号，在“密码”文本框中输入密码，单击“登录”按钮即可进入邮箱。通过网站进入邮箱后，单击相应的超级链接即可进行收发邮件的操作。电子邮件的收发还可以通过邮件收发软件来实现，目前常用的邮件收发软件是Outlook和Foxmail，两者的使用方法类似。Outlook是Windows操作系统自带的电子邮件客户端软件，只要安装Windows操作系统就可使用；Foxmail是免费软件，可以通过Internet下载、安装后使用。

（3）多媒体电子邮件。

多媒体电子邮件是指采用多用途互联网邮件扩展协议（Multipurpose Internet Mail Extensions，MIME）作为邮件数据格式标准的电子邮件。MIME不是邮件传输协议，而是对作为传输内容的消息、附件及其他内容的格式进行定义的一个标准。多媒体电子邮件或者说MIME邮件，就是符合MIME规范的电子邮件，它可以传输多媒体文件，在一封电子邮件中附加文本、声音、动画等各种格式的文件。

2. 电子公告板

电子公告板（Bulletin Board System，BBS）是Internet上的一种电子信息服务系统，是一个完全开放的电子形式的公告板系统。用户利用远程登录方式进入BBS站点，阅读其中的文章，也可以把自己的观点或看法张贴在BBS上，供其他用户传阅。通过BBS系统可随时取得国际最新的软件及信息，也可以和别人讨论计算机软硬件、多媒体、航模制作、生活常识以及历史疑案等各种有趣的话题，还可以利用BBS刊登一些诸如“征友”、“廉价转让”或“招聘职位”等启事。早期的BBS由教育机构或研究机构管理，现在多数网站都建立了自己的BBS系统。

目前国内的BBS大致可以分为五类：

（1）校园BBS。大多数校园BBS是由各校的网络中心建立，如清华大学、北京大学等。

（2）商业BBS。商业BBS主要进行有关商业宣传、产品推荐等活动，目前手机、计算机、房地产的商业BBS比比皆是。

（3）专业BBS。专业BBS是指公司的BBS，主要用于建立地域性的文件传输和信息发布系统。

（4）情感BBS。情感BBS主要用于交流情感，是许多娱乐网站的首选。

（5）个人BBS。个人主页的制作者在自己的个人主页上建立的BBS。

3. 远程登录

远程登录（Telnet）既是进行远程登录的标准协议，又是进行远程登录的主要方式，为用户提供了在本地计算机上完成远程主机工作的能力。远程登录是Internet最早提供的基本服务之一，是指用户使用Telnet命令使自己的计算机暂时成为远程主机的一个仿真终端的过程。仿真终端等效于一个非智能的机器，负责把用户输入的每个字符传递给主机，再将主机反馈的每个信息显示在用户的计算机屏幕上。Telnet远程登录的使用主要有两种情况：一是在UNIX系统中，要建立一个到远程主机的对话，只需在系统提示符下输入命令：Telnet＋远程主机名，用户就会看到远程主机的欢迎信息或登录标志；二是在Windows系统中，用户将以具有图形页面的Telnet客户端程序与远程主机建立Telnet连接。

4. 网络新闻

网络新闻（Usenet）就是Users' Network，即用户的网络。简言之，它是一群有共同爱好的Internet用户为了相互传递、交换信息而组成的一种用户交流网，这些信息实际上就是网络使用者相互交换的新闻，所以Usenet常被称为Netnews（网络新闻）。相当多的新闻信息选择Usenet作为传播方式，即时期货成交价、各报社新闻、各地气象等。

Usenet可以说是一个动态新闻宝库，也是最丰富的信息交流及储存媒介之一，同时还是最佳技术支援与交流的平台之一。通俗地说，Usenet就是一个遍布世界范围的BBS电子公告板系统，使用者们可在公告板上发送和读取信息，包括向别人求助或给别人指导。Usenet是由多个讨论组组成的一个大集合，包括了全世界数以百万计的用户。每个讨论组都围绕某一特定主题，诸如笑话、配方、数学、哲学、计算机、生物、科幻小说等。

总而言之，任何能够想到的主题都可以作为该组的主题。Usenet按照不同的专题分类组织，每一类为一个专题组，通常称为新闻组（News Group），其内部又分为若干子专题。在阅读Usenet文章时，用户必须使用新闻阅读器（News Reader）。新闻阅读器作为用户的连接入口，当被告知想要阅读的某个指定的新闻组时，就会呈现有关文章，一次一篇。目前流行的新闻阅读器主要有与微软的IE捆绑在一起的Outlook Express和网景的Netscape Communication所附带的News阅读附件，另外还有如AGENT等专用阅读软件。随着WWW的普及，新闻组的用户在逐渐地减少，新闻组服务器的数量也在下降，但还有一部分新闻组是相当活跃的，时常有人发表新的文章参与讨论，继续发挥着作用。

5. 文件传输协议

文件传输协议（File Transfer Protocol，FTP）的主要作用是让用户连接上一个远程计算机（这些计算机上运行着FTP服务器程序），查看上面有哪些文件，然后把文件从远程计算机复制到本地计算机，或把本地计算机的文件传送到远程计算机上去。与大多数Internet服务一样，FTP也是一个客户机/服务器系统。用户通过一个支持FTP协议的客户机程序，连接到在远程主机上的FTP服务器程序。用户通过客户机程序向服务器程序发出命令，服务器程序执行用户所发出的命令，并将执行的结果返回到客户机。比如说，用户启动 FTP 从远程计算机复制文件时，事实上启动了两个程序：一个是本地机上的 FTP 客户机程序，它向 FTP 服务器提出复制文件的请求；另一个是远程主机上的 FTP 服务器程序，它响应用户请求把指定的文件传送到用户的计算机中。

在 FTP 的使用当中，经常遇到两个概念："下载（Download)"和"上传（Upload)"。"下载"文件就是从远程主机复制文件至自己的计算机上；"上传"文件就是将文件从自己的计算机中复制至远程主机上。用 Internet 语言来说，用户可通过客户机程序向（从）远程主机上传（或下载）文件。

6. 博客

博客（Blog）一词来源于网络日志（Weblog)，是指一种特殊的网络个人出版形式，其内容按照时间顺序排列并不断更新，是一种十分简易的傻瓜化个人信息发布方式。它让任何人都能像免费电子邮件的注册、撰写和发送一样，轻松完成个人网页的创建、发布和更新。如果把 BBS 比喻为开放的广场，那么 Blog 就是开放的私人房间。一个 Blog 就是一个网页，通常由简短且经常更新的 Post（指张贴的文章）所构成，这些张贴的文章按照时间排列。Blog 好比是个人对网络播放的实时信息，撰写这些 Blog 的人就叫做 Blogger 或 Blog Writer。由于沟通方式比电子邮件、讨论群组更简单，Blog 已成为家庭、公司、部门和团队之间流行的沟通工具。

7. Internet 的其他服务

(1）查询及目录服务。

1）Archie 文件查询服务。Archie 是一种专门针对 FTP 文件服务器的网络文件搜索系统，帮助用户在遍及全世界的 FTP 服务器上寻找所要的文件。Internet 上的一些计算机提供这种文件查询服务，这些计算机被称为文件查询服务器（Archie Server)。用户只要给出希望查找的文件类型及文件名，文件查询服务器就会指出哪些 FTP 服务器上存放着这样的文件。除了接受联机查询外，许多文件查询服务器还受理用户通过电子邮件发来的查询。实际上，文件查询服务器的核心就是一个保存有上千个 FTP 信息库的数据库。文件查询服务器上有一个特殊的信息资源搜索软件，每天晚上都会到各地的 FTP 文件服务器上去搜索，把各个 FTP 文件服务器的目录及文件名（不包括文件内容）取回来，以更新数据库。文件查询服务器保存的数据库，就是那些从各个 FTP 文件服务器取回来的目录和文件名。

2）Gopher 信息查询服务。Gopher 是基于菜单驱动的 Internet 信息查询工具，它将网上的信息组成在线菜单系统，在一级一级菜单的引导下，用户通过选取自己感兴趣的信息资源，就可对 Internet 上的远程联机信息系统进行实时访问，这对于不熟悉网络资源、网络地址和网络查询命令的用户来说是十分方便的。Gopher 可以访问 FTP 服务器、检索学校图书馆馆藏目录以及进行任何基于远程登录（Telnet）的信息查询服务。其实，Gopher 可以说是 WWW 的前身，但它和 WWW 最大的不同是，Gopher 只提供纯文字的页面，因此一般的使用者会觉得比较单调。对于真正想在网络上查询资料的人来说，Gopher 的反应速度比 WWW 快，并且可以节省很多网络资源，这正是 Gopher 的优势所在。另外，在一些没有图形页面的操作系统中，Gopher 是唯一的选择。

3）WAIS 关键词查询服务。广域信息查询系统（Wide Area Information System，WAIS）是基于关键词的 Internet 查询工具，是给用户提供查询分布在 Internet 上的各类文本文件和专业数据库的一个通用检索软件。通过对网络上的信息进行标引，任何文件或数据只要建立了WAIS可以处理的索引，便可以使用这个工具进行查询，从用户指定的WAIS服务器和给出的特定单词或词组，找出同它们相匹配的文件或文件集合。WAIS是一种可以迅速、全面检索大量信息的工具，能检索出数百个信息资源中的任何一个，这些资源涉及大量的种类繁多的主题。

4）网上目录服务。网上目录服务是用于在全球范围内查找用户和商业伙伴的强大搜索工具，其通信簿支持轻量级目录访问协议（Light Weight Directory Access Protocol，LDAP）访问目录服务，而且其内置功能可以访问最流行的几种目录服务，用户也可以从Internet服务供应商那里添加附加的目录服务。Internet里海量存储的资料往往让人迷失，不知所措，再加上这些存放的资料未加整理，想找到需要的信息并非易事。而经过适当的规划，事先有系统地去整理这些资料，就可以在需要时方便快速地找到所要的对象。目录服务包括共享目录、共享打印机、应用程序、网络服务器、用户账号、计算机账号、安全规则等，管理者、用户及应用程序都能利用目录中的资料。

（2）新型Internet服务。

1）网络传真。网络传真是一种以Internet为基础的IP通信增值服务，用户只要能够上网就可以登录Web发送端，方便、快捷地将电子文档在不需要打印的前提下，发送到全球任何一台传真机上，这种把同一份文档发送到一台或多台传真机上的特殊功能，是一种安全、简便、廉价的现代化网络通信服务。网络传真与普通传真相比具有清晰度高、可一投多递、能自动重发、操作简单方便、价格低廉甚至免费等优势。

2）网络电话。网络电话（Voice Over Internet Protocol，VOIP）是基于Internet的电话，是将模拟的语音信号压缩成数据资料封包后，以IP分组交换网络为传输平台，进行点对点即时传送的语音服务，也就是通过开放性的网际网络传送语音的电信应用服务，可连接到世界各地。传统的通信方式基于电路交换方式，需要网络运营商投入很大的基础网络成本。IP技术出现后，基于包交换的技术使得多对连接在同一网络上共享带宽资源成为可能，因而大大降低了基础网络资源的闲置与浪费，使得通信成本大幅度减少，所以VOIP最大的优势就是资费低廉。

3）音频/视频点播。音频/视频点播（Audio/Video On Demand，A/VOD）是一种可以按用户需要点播节目的交互式音频/视频系统。A/VOD是当代计算机技术、多媒体技术和网络技术发展的产物，是一项崭新的信息服务技术。A/VOD是利用高速计算机网络，采用视频数据压缩和流控技术进行视频、音频、数据等信号的传输，并通过专用的视频处理软件进行管理，在客户端的多媒体计算机进行播放的现代化计算机多媒体系统，它可以同时向多个用户提供音频/视频信息的点播服务。在现行的广播电视节目中，收看者完全是被动的，没有选择节目和播放时间的主动权。通过A/VOD系统，人们能够按照自己的意愿自由地点播节目，随心所欲地控制节目进行暂停、重放、快放、慢放等操作，就像个人独享一样。

（3）电子商务。

电子商务，简单地说就是在Internet上进行商务活动，主要功能包括网上广告、订单、洽谈、支付、货物递交和客户服务等售前、售中和售后服务，以及市场调查分析、财务核计、生产安排等多项利用Internet开展的商务活动。电子商务有广义和狭义之分，狭义的电子商务又称作电子交易（E-commerce），主要是指利用Web提供的通信手段在网上进行交易；而广义的电子商务是包括电子交易在内的利用Web进行的全部商业活动，如市场分析、客户联系、物资调配等，又称作电子商业（E-business）。电子商务不仅仅是买卖，而是在国际互联网（Internet）、企业内联网（Intranet）和企业外联网（Extranet）上将买家与卖家、厂商和合作伙伴紧密结合在一起，消除了时间与空间带来的障碍。目前，电子商务已经成为企业的一种生存方式。企业通过企业内联网与因特网相连，能够在跨地区、跨国家之间方便地收集市场信息，宣传产品和企业形象，进行购销洽谈，采用电子数据交换替代传统的纸介贸易方式，并通过电子网络进行资金的支付、划拨和结算。电子商务大大地减少了商务旅行，以及其他商务活动在时间、空间方面的诸多限制，营造出面向全国、全球的网上商贸环境，它不仅是商品流通市场的一次巨大的技术变革，同时也使全球经济网络化。

四、计算机网络安全

随着Internet的迅速发展，人们现在可以通过互联网进行网上购物、银行转账等许多商业活动。随着电子商务的不断发展，全球电子交易一体化将成为可能。但是，开放的信息系统必然存在着众多潜在的安全隐患，利用网络安全的脆弱性，黑客在网上的攻击活动正以每年10倍的速度增长。形形色色的黑客攻击者是一个复杂的群体，他们把网络的任何漏洞和缺陷当作靶子，无孔不入，例如修改网页，非法进入主机破坏程序，进入银行网络转移资金，窃取网上信息，阻塞用户和窃取密码等。政府、军事和金融网络更是黑客攻击的主要目标。黑客和反黑客、破坏和反破坏的斗争方兴未艾，在这样的斗争中，以防火墙和密码技术为主的安全技术作为一个独特的领域越来越受到人们的关注。

1. 防火墙技术

当一个网络接入Internet后，出于系统安全的考虑要防止非法用户的入侵，目前防范的措施主要依靠防火墙（Firewall）技术来完成。所谓防火墙，是指一种将内部网和外部网（Internet）分开的方法，它实际上是一种隔离技术。防火墙是在两个网络通信时执行的一种访问控制尺度，它允许经过认证的人或数据进入内部网络，同时将未经允许的人或数据拒之门外，最大限度地阻止外界网络中的黑客访问内部网络，防止他们更改、复制、毁坏内部网络的重要信息。防火墙的基本原理很简单，好比是一对开关，一个开关用来阻止传输，另一个开关用来允许传输。如果某个网络决定设定防火墙，那么首先需要由网络决策人员及网络专家共同决定本网络的安全策略（Security Policy），即确定哪些类型的信息允许通过防火墙，哪些类型的信息不允许通过防火墙，防火墙就会根据本网络的安全策略，对外部网络与内部网络交流的数据进行检查，符合的予以放行，不符合的加以拒绝。防火墙从实现方式上可分为硬件防火墙和软件防火墙两类。通常意义上讲的硬防火墙即硬件防火墙，它是通过硬件和软件的结合来达到隔离内、外部网络的目的，效果较好，但价格较贵，一般小型企业和个人很难实现。软件防火墙是通过纯软件的方式来实现，这类防火墙只能通过一定的规则来达到限制一些非法用户访问内部网的目的，隔离效果不太理想，但价格便宜。现在的软件防火墙主要有天网防火墙个人及企业版、Norton的个人及企业版软件防火墙等，有一些病毒软件的开发商也开发了软件防火墙，如KV系列、金山系列、瑞星等。

2. 密码技术

密码技术是与防火墙配合使用的安全技术，是为了提高信息系统及数据的安全性和保密性，防止秘密数据被外部窃取、侦听或破坏所采用的主要技术手段之一。利用密码技术对信息进行加密传输、加密存储、数据完整性鉴别、用户身份鉴别等，比传统意义上简单的存取控制和授权技术更可靠。密码技术是安全体系的基础，一种密码技术是否科学，是否有缺陷将直接关系到运用这种技术的系统的安全性。一个加密系统所采用的基本工作方式称为密码体制，密码体制一般由密码算法和密钥两个基本要素构成。现代密码学总是假定密码算法是公开的，真正需保密的只是密钥，所以现代密码学中，密钥管理是极为重要的一方面。密码体制的分类很多，常用的是按照密码算法所使用的加密密钥与解密密钥是否相同，能否由加密过程推导出解密过程（或由解密过程推导出加密过程）而将密码体制分为对称密码体制和非对称密码体制。在对称密码体制中，加密密钥和解密密钥一般是相同的，即使二者不同，也能够由其中的一个很容易地推导出另一个。在这种密码体制中，有加密能力就意味着有解密能力。一般而言，采用对称密码体制可以达到很高的保密强度，但由于其加密密钥与解密密钥相同，故它的密钥必须极为安全地传递和保护，从而使密钥管理成为影响系统安全的关键性因素，因而难以适应当今计算机系统的开放性要求。在非对称密码体制中，一个加密系统的加密和解密能力是分开的，加密和解密分别通过两个不同的密钥实现，并且不可能由其中的一个密钥推导出另一个密钥。采用非对称密码体制的每个用户都有一对选定的密钥，其中一个可以公开，称为公钥，另一个由用户自己秘密保存，称为私钥。非对称密码体制的提出是现代密码学研究的一次重大突破，它与传统的密码体制相比具有如下特点：

（1）由于加密和解密密钥不同，而且不能从加密密钥推导出解密密钥，因而加密密钥可以公开分发，使密钥分发变得简单。

（2）由于公钥可以公开发布，所以只需秘密保护私钥即可，所以秘密保存的密钥数量减少。

（3）公钥的出现使得非对称密码体制可以更好地适应开放的使用环境。

（4）利用非对称密钥体制，可以在任何人之间建立安全的通信通道，较方便地解决数字签名的难题，所以在电子商务中具有非常广泛的用途。

第 2 节　网络信息资源概述

一、网络信息资源的含义

在探讨网络信息资源的含义之前，应首先明确信息资源（IR）的概念。目前关于信息资源的含义有很多种不同的解释，但归纳起来主要有两种：一是狭义的理解，认为信息资源就是指文献资源或数据资源，或各种媒介和形式的信息的集合，包括文字、声像、印刷品、电子信息、数据库等，这都仅限于信息本身。二是广义的理解，认为信息资源是信息活动中各种要素的总称，既包含信息本身，也包含与信息相关的人员、设备、技术和资金等各种资源。

随着互联网发展进程的加快，信息资源网络化成为一大潮流，与传统的信息资源相比，网络信息资源在数量、结构、分布和传播的范围、载体形式、内涵传递手段等方面都显示出新的特点，这些新的特点赋予了网络信息资源新的内涵。作为知识经济时代的产物，网络信息资源也称虚拟信息资源，它是以数字化形式记录的，以多媒体形式表达的，存储在网络计算机磁介质、光介质以及各类通信介质上的，并通过计算机网络通信方式进行传递信息内容的集合。简言之，网络信息资源就是通过计算机网络可以利用的各种信息资源的总和。目前网络信息资源以互联网信息资源为主，同时也包括其他没有连入互联网的信息资源。

二、网络信息资源的特点

1. 存储数字化

信息资源由纸张上的文字变为磁性介质上的电磁信号或者光介质上的光信息，使信息的存储、传递、查询更加方便，而且所存储的信息密度高、容量大、可以无损耗地重复使用。以数字化形式存在的信息，既可以在计算机内高速处理，又可以通过信息网络进行远距离传送。

2. 表现形式多样化

传统信息资源主要是以文字和数字形式表现出来的信息，而网络信息资源则可以以文本、图像、音频、视频、软件、数据库等多种形式存在，涉及领域从经济、科研、教育、艺术到具体的行业和个体，包含的文献类型从电子报刊、电子工具书、商业信息、新闻报道、书目数据库、文献信息索引到统计数据、图表、电子地图等。

3. 以网络为传播媒介

传统的信息存储载体为纸张、磁带、磁盘，而在网络时代，信息的存在是以网络为载体，以虚拟化的状态展示，人们得到的是网络上的信息，而不必过问信息是存储在磁盘上还是磁带上，体现了网络资源的社会性和共享性。

4. 传播方式的动态性

网络环境下，信息的传递和反馈快速灵敏，具有动态性和实时性等特点。信息在网络中的流动性非常迅速，加上无线电和卫星通信技术的充分运用，上传到网上的任何信息资源，都只需要短短的数秒钟就能传递到世界各地的每一个角落。

5. 信息源复杂

网络共享性与开放性使得人人都可以在互联网上索取和存放信息，由于没有质量控制和管理机制，这些信息没有经过严格编辑和整理，良莠不齐，各种不良和无用的信息大量充斥着网络，形成了一个纷繁复杂的信息世界，给用户选择、利用网络信息带来了障碍。

第3节　网络信息资源的类型

通过互联网可以利用的信息资源是多种多样的，所有重要的人类活动都已包含在内。哈里·哈恩（Harley Hann）编撰的《全球 Internet 网地址簿》(1998 年版)，包含了成千上万个单独的项目，分成了 160 多种不同类别，这些类别依字母顺序列出，包括农业、动物和宠物、考古、建筑、艺术、天文学、航空学、电子公告版系统、生物学、加拿大、收藏、连环画、密码、经济、教育、流行与服饰、钥匙与锁等。从网络信息资源管理和利用的角度出发，人们对这些网络中的信息资源进行了类型化和体系化研究，不同的分类方案由此提出。

一、按所对应的非网络信息资源分类

(1) 图书馆馆藏目录。在互联网中，图书馆目录发展成为 OPAC（Online Public Access Catalog），即联机公共目录检索系统。使用时人们通过目标图书馆目录的 URL，即可在自己的网络终端查询世界各地的大学图书馆、公共图书馆、专业图书馆的馆藏，完全打破了以往利用图书馆的时空限制。

(2) 电子书刊。电子书刊指完全在网络环境下编辑、出版、传播的书刊。广义的电子书刊也包括印刷型书刊的电子版。由于信息技术的发展为电子书刊的出版发行创造了良

好条件，网络上电子书刊的数量正急剧增加，从而创造了一种新型的科学出版和学术研究环境。

网络上的电子期刊在数量上多于电子书籍。与印刷型期刊相比，电子期刊具有出版成本低、周期短、便于作者与读者之间相互交流等优点。但是，电子期刊，尤其是在网络上编辑、出版、发行的专业电子期刊，其质量良莠不齐的问题已引起国际上的广泛关注。

1996 年，在巴黎举行了由联合国教科文组织（UNESCO）和国际科学联盟理事会（ICSU）资助召开的有关电子版科技期刊的研讨会。会议提出了改进和保证电子期刊质量的几项措施，如建立电子科技书刊出版的审稿委员会制度；规范电子期刊的引文格式；建立审查资料完整性和可靠性的标准等。

近年来，网络版电子报纸也迅速增加，目前，我国各主要报纸基本都有了网络电子版。

（3）参考工具书。许多传统的和现代的参考工具书都已进入了互联网，如《大不列颠百科全书》、《牛津大辞典》等，这些网络版参考工具书使用起来非常方便，用户只需键入待查的词或词组，就可以对相关的定义和使用方法等进行查询。此外，用户还可以利用网上为数众多的指南、名录、手册、索引等。

（4）数据库。在网络环境下，数据库生产商将其产品连入互联网供用户直接进行联机检索，从而降低了检索费用，改变了传统的联机检索服务费用高昂的状况。同时，数据库作为高质量的学术、商业、政府和新闻信息的重要信息来源，以其可靠的信息质量，成为网络信息资源中重要的、不可替代的组成部分。

（5）其他类型的信息。除了上述几种类型的信息之外，电子邮件、电子公告板系统、新闻组、用户组也成为信息交流的重要渠道，并成为网络信息资源的重要组成部分。将非网络信息资源的分类方法引入到网络信息资源的类型研究中，我们可以找到非网络信息资源在网络环境中的对应物，但这种分类方式不能充分揭示网络信息资源的特点。

二、按人类信息交流的方式分类

（1）非正式出版物。电子邮件、专题讨论小组、电子会议、电子公告板新闻等。

（2）半非正式出版物。从各种学术团体和教育机构、企业和商业部门、国际组织和政府机构、行业协会等单位的网址或主页上，可以查询从正式出版物系统所无法得到的“灰色”信息。

（3）正式出版物。通过万维网，用户可以查询到各种数据库、联机杂志和电子杂志、电子版工具书、报纸、专利信息等。

互联网对人类信息交流史的最大贡献在于将以往各行其道的非正式信息交流、半正式信息交流和正式信息交流汇集在一个网络上，通过特定的检索系统，人们可以同时查询正式、半正式和非正式的信息，如电子期刊和图书，企业、机构或政府部门的情况介绍，用户专题小组的讨论，以及文本信息和图像、音频、视频等多媒体信息。在获取信息的过程中，多类型和多层次的信息是融为一体的。

三、按信息存取方式分类

（1）邮件型。邮件型的信息存取方式是以电子邮件和电子邮件群体服务（Mailing List）为代表的。

（2）电话型。它是指以特定的个人或群体为对象即时传播信息的方式。代表性的手段有会话（Talk）和交互网中继对话（Internet Relay Chat，IRC）。这两种工具都帮助人们在网络上通过文字交往实现即时的信息传播。

（3）揭示板型。它是以不特定的大多数网络利用者为对象的非即时的信息传播方式。比较具有代表性的是网络新闻和匿名 FTP。

（4）广播型。这是目前正在开发的、可以在网络上向特定的多数的利用者即时提供图像和声音信息的传播方式。

（5）图书馆型。以上四种类型的信息存取方式主要是一次性的信息。在互联网上还存在着类似于图书馆藏书那样既有一次文献也有二次文献的信息存取方式，也就是说，通过对一次信息进行有系统地组织来提供各种信息。比较有代表性的是目前使用比较广泛的 Gopher 和 WWW 等。

（6）书目型。主要用于检索网络信息资源的各种检索工具，是以提供二次信息为主的存取方式。例如：查询人物机构团体的“Finger”和“Who is”，查询 FTP 文件提供者的“Archie”和“WAIS”等。

网络信息资源区别于非网络信息资源的一个重要特点，就是网络信息资源存取和利用方法的多样性，而且网络环境下存取信息资源的方式与所获取的信息资源的类型有着密切关系。因此，上述分类方法至少从一个方面体现了网络信息资源的特点。

四、按网络信息资源的层次分类

（1）指示信息。指示信息即一个信息单元的地址，如一个超文本链接（以 URL 表示）、数据库名、书目参考、特殊的关键词间联系等。指示信息由信息的实际地址以及有关该信息的标识、注解等内容构成。

（2）信息单元。可以指示信息表达的最小信息单元，如文献中的某一行、某一段、某一章、一个目次页或一份统计表等。一个信息单元由一个文本组成，该文本可以具有或不具有特定的指示信息。

（3）文献。文献是相关信息单元的集合，如 FTP 文件、万维网网页、数据库的记录、电子邮件、信件、文章、照片等，文献由若干信息单元以及一些特定的指示信息构成。

（4）信息资源。信息资源指相互关联的文献集合，如一个数据库、一本杂志、一本书、一本电话簿、一张光盘等。换句话说，一种资源是由若干相关文献及其中特定的信息单元和指示信息所组成的。

（5）信息系统。信息系统指一组相关的、经过标引和建立了交互参见的信息资源的集合，如一个虚拟图书馆、一部百科全书。信息系统还包括了不同信息资源之间的相互关联的指示信息。

另外，按文件组织形式，可将网络信息资源划分为自由文本和规范文本；从网络信息资源的来源上看，有政府、研究机构、大学、公司企业、社会团体、个人等；从内容上看，有政治性文件、学术研究报告、经济活动的信息（广告、企业情况等）、历史文献资料、文学艺术等；从形式上看，有文本式文件（如电子期刊），也有计算机软件、图像文件等。从目前的研究状况来看，尚没有产生一种统一的、能全面和深入地反映网络信息资源内容和特点的分类方式。

第 4 节　网络信息资源检索

一、网络信息资源检索的方法

要在网上获取信息，用户要先找到提供信息源的服务器，找到服务器在网上的地址，然后通过该地址去访问服务器提供的信息。大致有以下几种方法：

1. 浏览信息

浏览一般是指基于超文本文件结构的信息浏览，即用户在阅读超文本文档时，利用文档中的超链接从一个网页转向另一个相关网页，在顺“链”而行的过程中发现检索信息的方法，国外称为 Surfing（冲浪）。这是在互联网上发现、检索信息的原始方法，在日常的网络阅读、漫游中，人们都有过在上网随意的阅读时意外发现有用信息的体验。这种方式的目的性不是很强，其不可预见性、偶然性使检索过程具有某种探索宝藏的意味，可能充满乐趣，但也可能一无所获。

追踪某个网页的相关链接有些类似于传统文献检索中的“追溯检索”，即根据文献后所附的参考文献追溯相关文献，一轮一轮地不断扩大范围。这种方式可以在很短时间内获得大量相关信息，但也可能在“顺链而行”中偏离了检索目标，或迷失于网络所提供的链接，因此检索的结果可能带有某种偶然性和片面性。

2. 借助网络检索工具查找信息

为了对互联网这个无序的信息世界加以组织和管理，使大量有价值的信息纳入一个有序的组织体系，便于用户全面地掌握网络资源的分布，专业人员基于对网络信息资源的产生、传递与利用机制的广泛了解和对网络信息资源分布状况的熟悉，以及对各种网络信息资源的采集、组织、评价、过滤、控制、检索等手段的全面把握而开发出可供浏览和检索的网站资源主题指南，如著名的雅虎（Yahoo）目录、中国高等教育文献保障系统（CALIS）的重点学科导航库。

综合性的主题分类树体系的网络资源指南受到普遍欢迎，其主要特点是根据网络信息的主题内容进行分类，并以等级目录的形式组织和表现。而专业性的网络资源指南也很普遍，几乎每一个学科专业、重要课题、研究领域的网络资源指南都可以在互联网上找到。这类网络资源指南类似于传统的文献检索工具，如书目之书目或专题书目（Web of Webs 或 Webliography），其任务是方便对互联网信息资源的智能获取。

3. 利用搜索引擎进行信息检索

搜索引擎作为主要的网络检索工具，在网络信息检索中具有重要的地位。搜索引擎能提供给用户进行关键词、词组或自然语言检索的工具。用户提出检索要求，搜索引擎代替用户在数据库中进行检索，并将检索结果提供给用户。它一般具有布尔检索、词组检索、截词检索、字段检索等功能。利用搜索引擎的特点是：省时省力、简单方便、检索速度快、范围广，能及时获取新增信息。缺点是：由于采用计算机软件自动进行信息的加工、处理，其检索软件的智能性不是很高，造成检索的准确性不是很理想，与人们的检索需求及对检索效率的期望有一定差距。

4. 在线数据库查询信息

访问网络数据库是用户获取学术性信息的最有效方法。网上在线数据库有很多，比如超星数字图书馆、万方数据库资源系统、中国维普数据库、CNKI 中国知网数据库等。

二、网络信息资源检索的技巧

1. 主题指南与搜索引擎结合使用

主题指南将信息系统地进行归类，可使用户方便地查找到某一大类信息，但其检索范围较搜索引擎要小许多。搜索引擎查询较为全面而充分，可以提供最全面、最广泛的搜索结果，但所提供的信息不像主题指南那样层次结构清晰，显得繁多而杂乱。主题指南和搜索引擎各有优势，两者可以相互结合，取长补短，合理运用，以产生最佳结果。总之，选择合适的搜索引擎是信息检索至关重要的一步。搜索引擎在查询范围、检索能力、效率等方面各具特色，针对不同目的的检索，应选用不同的搜索引擎。

2. 缩小检索范围

(1) 采用恰当的检索表达式。在检索表达式的构造中，可采用把一个短语作为一个整体进行查询，或者采用强制包含或排除特定关键词的办法限定检索范围。

(2) 限定检索范围。当检索的范围过大时，可以对检索词的年代、语种、数量、学科等检索范围进行限定。这些限定检索的运用可以有效控制检索的相关性，从而提高检准率，使检索结果接近用户需求。

(3) 利用进阶检索功能。进阶查询（Refine Query）是指利用前一次检索的结果作为后一次检索的依据，逐步缩小检索范围。

(4) 检索力求具体化。检索文献信息资源时，要明确检索课题的需求，限定查询范围，选择确切的检索词，使检索要求具体化、明确化，这样，有利于提高文献信息资源检索的检准率。

3. 扩大检索范围

(1) 使用同义词或近义词检索。目前，检索软件的智能化程度较低，容易漏检与关键词意思相近或一致的内容。此外，搜索引擎对网络信息资源中出现的如更名的机关团体，同一事物的不同名称等，也容易出现漏检现象。因此，用户需要使用同义词、近义词或同一事物的不同名称尽可能全面地扩大检索范围。反映同一概念的检索词越多，就越能保证查全率。

(2) 使用 All-in-one 整合型检索。All-in-one 是指在统一的标准界面下，同一检索词用户只需输入一次即可委托多个搜索引擎查询。WWW 上的信息资源非常庞大，没有一个搜索引擎能够搜索全部网页，同时使用多个搜索引擎能弥补单个搜索引擎数据库容量不足的缺陷。如 Net Locator（http：//nln. com）能在 Yahoo、Lycos、Altavista、Web Crawler 4 个搜索引擎同时代理用户的检索指令，最大限度地确保文献信息资源的检全率。

4. 使用组合搜索关键词

如果一个陌生人突然走近你，问你“北京”，你会怎样回答？大多数人会觉得莫名其妙，然后会再问这个人到底想问“北京”哪方面的事情。同样，如果你在搜索引擎中输入一个关键词“北京”，搜索引擎也不知道你要找什么，它也可能返回很多莫名其妙的结果。因此你要养成使用多个关键词搜索的习惯，当然，大多数情况下使用两个关键词搜索已经足够了，关键词与关键词之间以空格隔开。比如：你想了解北京旅游方面的信息，就输入“北京旅游”这样才能获取与北京旅游有关的信息。

5. 强制搜索

通过添加英文双引号来搜索关键词，这一方法在查找名言警句时显得格外有用。例如：用“‘京剧’＋‘脸谱’”的搜索结果比“京剧＋脸谱”更精确。

6. 模糊搜索

搜索引擎中允许使用模糊查询，即用通配符“*”代替不确定的字或词，每种搜索引擎都有各自的关键词技巧，除了通配符还可以用“or”或“and”逻辑运算符。

7. 搜索之前先思考

网上的内容虽然很丰富，但必须先有人将其放到网上。搜索引擎本事再大，也搜索不到网上没有的内容，而且，有些内容虽然存在于网上，却因为各种原因，很可能成为漏网之鱼。所以在使用搜索引擎之前，应该先花几秒钟想一想：要找的东西网上可能有吗？如果有，可能在哪里？网页上会含有哪些关键字？

8. 单击搜索结果前先分析

一次成功的搜索由两个部分组成：一个设计优秀的搜索请求和一个准确可信的搜索结果。在单击任何一条搜索结果之前，快速地分析一下搜索结果的标题和网址，会节省大量的时间。一次成功的搜索也经常是由好几次搜索组成的，如果对自己所搜索的内容不熟悉，即使是搜索专家也不能保证第一次搜索就能找到想要的内容。搜索专家会先用简单的关键词测试，但不会忙着仔细查看各条搜索结果，而是先从搜索结果页面里寻找更多的信息，然后设计一个更好的关键词重新搜索，这样重复多次以后，就能设计出很好的搜索关键词，也就能达到满意的结果了。总之，只有多种方法综合使用，才能获得比较好的检索结果。

三、影响网络信息资源检索的因素

影响网络信息检索的因素很多，如信息资源的质量、检索软件的好坏、用户水平的高低等。

1. 信息资源的质量

丰富的网络储存信息资源为检索系统提供了强有力的信息支撑，但信息过多过滥，以及信息收集、加工、储存的非规范化，给网络信息检索带来诸多难题。

(1) 网络信息资源分散、无序，更换、消亡无法预测，用户无法判断网上有多少信息与检索主题相关。

(2) 网络信息加工处理不规范，缺乏强有力的处理手段，使信息检索的查全率、检准率下降。

(3) 网络信息资源收集不完整、不系统、不科学，导致信息检索必须多次在多个检索系统中进行，造成人力、物力的浪费。

(4) 网络信息资源数量巨大，任何人均可向网上发布信息，也可从网上下载信息，这使得网上信息的质量下降，文件也很容易被他人下载，从而导致知识产权纠纷。

(5) 网络信息的语言障碍。目前互联网上80%以上的信息是以英语形式发表，英语水平低和不懂英语的人很难充分利用互联网上的信息资源。

2. 检索软件

互联网是一个缺乏统一管理的巨大信息库，由于其信息组织的特殊性和目前检索工具自身的不完善，给信息检索带来一定问题。

(1) 各种检索工具都是基于相应的数据库，要想将信息检索得全面，必须在不同的检索工具中查找，每种检索工具的检索技术各不相同，这样就必须学会使用多种检索软件。

(2) 互联网上的信息存放地址会频繁转移和更名，根据检索工具检索的结果并不一定能获得相应的内容。

(3) 基于一个广义的检索项，往往会获得数以千万的检索结果，获得真正有用的信息很困难。

(4) 每种检索工具虽然收集各自范围内的信息资源，但也难免出现交叉重复。

3. 用户水平

用户的水平直接影响信息检索的结果，这是因为用户在检索信息的同时，还要对信息资源进行收集、整理和存储。

(1) 用户对信息检索需求的理解和检索策略的制定关系到信息检索的质量。

(2) 用户对网络相关知识的掌握程度影响信息检索的效率。

(3) 用户对检索工具的应用熟练程度影响信息检索的效果。

(4) 用户的外语水平影响信息检索的广度和深度。

四、提高网络信息资源检索效率的方法

要提高网络信息检索效率，检索人员必须培养“信息素养”，不断探索、积累经验、提高信息获取能力。

1. 培养“信息素养”

在知识经济时代，“信息素养”已成为科学素养的重要基础。信息素养包括：信息的判断、选择、整理、处理的能力和信息的创造、传递能力；对信息社会的特征和信息化对社会及人类影响的理解；对信息重要性的认识和信息的责任感；掌握信息科学基础及信息手段的特性和基本操作。

在网络环境下，培养“信息素养”，应从以下几点入手：

(1) 培养信息技术的使用技能，即利用信息技术进行信息获取、加工处理、交流的操作技能。

(2) 培养对信息内容的理解与评价能力，能对信息的检索策略、信息源、信息内容做出评估，能判断信息陈述的准确性及真伪性等。

(3) 培养运用信息能力，具有融入信息社会的态度。能根据社会发展的需要，通过信息技术对所获得的信息进行新的加工、整合、创新，使信息的应用能推动社会进步，并为社会做出贡献。

2. 不断探索、积累经验、提高信息获取能力

信息检索是一门实践性很强的学问，需要理论支持，更需要不断实践和探索，总结经验，从而提高获取信息的能力。

(1) 将随时间发现的、有价值的信息资据网址（或 URL）保存在浏览器的书签（Bookmark）中，尤其是网上一些有用的学术性强的网址。

(2) 充分利用网络上中外高校建立并维护的“学科导航”，这些“学科导航”里的信息一般在该研究领域是较为全面的，并且更新及时，信息新颖。

(3) 根据自己的专业知识和互联网信息检索经验，综合使用按专题搜索、按时间搜索、按关键词搜索的方法进行信息采集。

(4) 在检索过程中发现同行，建立联系，可以交流经验。

第 5 节　网络信息采集与利用的未来趋势

信息检索技术总是以信息技术的发展为基础，未来信息检索技术的发展将以计算机技术、电子技术、网络技术、多媒体技术的发展为依托，逐步向全球网络化、全自动化、智能化、多功能化、家庭化和个性化的方向发展。随着智能科学研究的进展，模拟人脑认知和思维过程的新概念计算机将会问世，这为信息检索技术的发展指明了方向。

一、网络检索自动化技术的发展

以人工智能为代表的信息检索自动化技术是网络信息检索工具的基本技术。人工智能是计算机科学的一个重要分支，它与空间技术、能源技术并列为当今世界三大尖端技术。随着计算机技术的进步，从 20 世纪 60 年代开始，人工智能技术有了很快的发展，在自然语言理解、图像识别、工业机器人等方面的研究取得了很大的进步。而人工智能与信息检索的结合则主要在自然语言理解、机器翻译、模式识别、专家系统等方面。目前，这些技术都在逐步进入信息检索领域。

（1）自然语言理解利用计算机来处理自然语言，实质就是使用一个“人机对话”系统，输入系统的是自然语言信息，“理解后”同样输出自然语言，即把人机交互接口建立在自然语言理解基础上，使用户可以用日常语言表达信息需求，不再受计算机系统命令格式的约束。使用自然语言进行人机对话查询，是长期以来人类对信息检索的渴望，也是信息检索发展的目标。

（2）机器翻译，实质上是对两种语言信息的处理与转换，即把人们日常所表达的各种自然语言转化成计算机可以识别的语言模式。它的实现能把不同用户的提问需求转换成系统可以接受的内部形式，消除语种障碍，扩大用户使用面。

（3）模式识别是用计算机来识别手写的各种符号以及人的声音，其对于信息检索的影响主要是输入方式的变化，其中光学字符识别（Optical Character Recognition，OCR）和语音识别（Speech Recognition）应用前景很广。这两种识别方式都需要特定的识别软件支持，只不过光学字符识别是通过特制的笔在特制的载板上输入信息，而语音识别是用麦克风直接通过语言来控制计算机。人工智能模式识别的研究，将使输入形式多样化，不仅能阅读各种字符、图形，还能听懂人的自然语言，并用自然语言与人交流，这将极大地方便检索用户。

（4）专家系统是目前人工智能理论和方法在实际中得到应用的一个主要形式，它是指运用一个或多个专家提供的特殊领域知识进行推理和判断，以解决那些需要专家才能解决的复杂问题的一种智能计算机程序。一个完整的专家系统应由知识库（Knowledge Base）、数据库（Data Base）、推理机（Inference Engine）、知识获取模块（Knowledge Acquisition Module）和解释接口（Explanatory Interface）组成。知识库中存放系统求解问题所需要的知识；数据库用来存储初始证据和推理过程中得到的各种中间信息；推理机是一种程序，用来控制和协调整个系统，它通过输入的数据，利用知识库中的知识按一定的推理策略解决所提出的问题；知识获取模块就是学习模块，它为修改和扩充知识库的原有知识提供相应的手段；解释接口是用户与专家系统交互的环节，负责对推理做出必要的解释，便于用户了解推理过程，为用户向系统学习和维护系统提供方便。具有解释功能是专家系统区别于其他计算机程序的标志。目前，已有一些知识表示型的第一代专家系统研制成功，如医疗诊断专家系统、辅助教学专家系统。

除了人工智能以外，目前信息领域的一项新技术——虚拟现实（Virtual Reality，VR）技术也在逐步应用于信息检索领域。VR是一种可以创建和体验虚拟世界的计算机系统，它所提供的虚拟环境是由计算机生成的，通过视、听、触等多种感知能力使用户产生身临其境感觉。从本质上说，一个VR系统是由计算机图形学、图像处理与模式识别、智能接口、人工智能、多传感器、语音处理与音像、网络并行处理等技术和高性能计算机系统等不同功能、不同层次的子系统所构成的大型综合集成环境。

VR系统一般由五类硬件系统构建而成，它们分别是跟踪系统、触觉系统、音频系统、图形图像生成和显示系统、高性能计算处理系统。其主要设备有头盔显示器、数据手套、数据服装、三维位置传感器和三维声音发生器等。头盔显示器通过一对小LED屏幕显示虚拟世界的图像，通过它可以看到由计算机系统所渲染的虚拟世界。数据手套是人机交互工具，手套中的传感器将手指的位置传送给计算机。当戴手套的手移动或转动时，头盔显示器内显示的虚拟手同样也移动或转动，使用户可以伸手拿虚拟环境中的物体，同时还能感受触觉和力感。三维位置传感器和二维声音发生器是跟踪装置，通过它产生的感应电压变化，使计算机虚拟出人的位置和相应的动作、声音。通过这些仪器和设备，可以产生一种虚拟交互环境，使用户产生真实感。

利用虚拟现实技术，不是去观察计算机产生的世界，而是去真正地感受它，就好像真的走进了这个世界一样。将虚拟现实技术应用于信息检索中，进入信息检索的模块场景，并与它进行互动的时候，就会感到它似乎真的存在一样。利用各种方式，如语言、动作去控制信息查询，可以像在现实中一样拿起查询到的每一篇信息资料，去翻阅它，并进行各种处理工作，如修改、保存、删除、打印等，这时的信息检索才可以说是达到了高度的智能化和自动化。目前虚拟现实技术还不成熟，其研究和应用尚处于起步阶段，但研究成果的初步应用已经显示出明显的优越性，在军事、医学、设计、艺术、娱乐等领域的应用显示出了很好的效果。虚拟现实技术在信息检索领域的应用，目前虽然还没有开展，但它将是信息检索技术朝着高度智能化、自动化发展的一个目标，它在信息检索中的应用将会给人们获取信息创造极大的便利。

二、多媒体技术的应用

多媒体技术是以数字化为基础，能够对多种不同类型媒体信息（包括数据、文本、声音、图像等）进行采集、编码、存储、传输、处理和表达，并使之建立有机的逻辑联系，集成为一个系统并具有良好的交互性的技术。多媒体技术体系主要包括媒体处理基础技术、数据压缩技术、软硬件平台技术、基础环境技术、信息管理技术、网络通信技术等。媒体处理基础技术主要研究媒体的性质和相应的处理方法；数据压缩技术主要解决如何有效地减少媒体数据存储占用的空间和媒体数据传输占用的时间，在复杂的场合增强对信息内容的处理能力；软硬件平台技术是实现多媒体系统的物质基础；基础环境技术是指多媒体操作系统；信息管理技术侧重于超媒体和多媒体数据库技术；网络通信技术将为多媒体应用系统提供多媒体通信的手段。

可以说多媒体技术的产生改变了传统图书馆的命运，它能将大量的纸质文献轻易地转化为电子化的、数字化的多媒体文献，更加直观地表达出信息内容和逼真的人机界面，实现有效的人机信息交流，从而达到信息检索的电子化、数字化和虚拟化。多媒体技术的发展也产生了多媒体信息检索的问题。多媒体信息检索是指对图形、图像、文本、声音、动画等多媒体信息进行检索的过程。

目前，一种被称为基于图像内容检索（Content Based Image Retrieval，CBIR）的多媒体检索技术正成为国际上研究的热点。国内外著名的基于内容的多媒体检索系统有：

（1）IBM 研究中心的 QBIC 项目。该项目是 IBM Digital Library 的一部分，是对静态图像基于内容的检索。在该系统中，图像可以按颜色、灰度、纹理和位置进行查询。查询要求将以图形方式表达，如从颜色表中选取颜色，或从例图中选择图像的纹理。查询结果可按相关的序列指导子序列继续查询。这种方法可使用户更为快速和简洁地对可视化信息进行筛选与确定。

（2）哥伦比亚大学研制的 Visual Seek 系统。该系统是在 Internet 上运行的基于内容的图像影视检索系统，通过用户描述目标运动方向查找视频镜头。

（3）英国科特大学研制的多媒体检索系统。该系统由虚拟数据库和查询主机构成。虚拟数据库是多媒体对象的结构与组织形式，而查询主机则用于构造一套面向过程的、带有嵌入式查询语句的查询描述，能对虚拟数据库中的多媒体对象进行自动查询。

（4）在我国，中国科学院计算技术研究所和国家图书馆已成功地研制出了基于特征的多媒体信息检索系统 MIRES。此系统对图像信息可以按照图像的颜色、纹理、形状等特征进行检索，对中文信息则进行全文检索，具有布尔检索、截词模糊匹配检索、完全字符串匹配检索等多种检索途径。

（5）清华大学计算机系也一直致力于多媒体信息压缩和检索技术的研究。他们研究的 ImgRetr 是一个基于 Java 的图像检索系统，可以对静态图像的颜色、直方图、颜色分布、形状、纹理等特征进行直接检索，可以直接通过 Web 进行访问，应用于 Internet 上。

以上这些多媒体检索系统正在逐步发展和完善之中，而且发展速度也越来越快，检索功能必将越来越完备，未来的信息检索系统必将充分地融入多媒体技术。随着计算机技术、多媒体技术以及网络技术的发展，多媒体已经成为信息传播的主要形式，这也改变了人们获取信息的方式。为了能够更加方便地使用视频、图像等多媒体信息，国际标准化组织正在制定各种标准支持多媒体技术的应用，这些标准将进一步加速多媒体技术的广泛应用。

三、多语种检索

随着世界各地上网人数的不断增多，英语已无法满足所有用户的需要，语言障碍越来越明显，网络信息检索的多语种支持功能就显得更加重要。目前解决多语种支持的方法有以下几种：

（1）提供不同语种的检索界面（有的建立不同语种的版本），在相应语种的网页进行检索，例如“天网”、“北极星”搜索引擎既提供中文检索又提供英文检索。

（2）将任何一种语言输入的关键词，自动翻译成所选语言对应的关键词，增加到检索提问中进行检索，其检索结果并不翻译。检索结果翻译则是通过自动翻译以选定的语种输出检索结果，可极大地方便网络用户。搜索引擎 AltaVista 的最大特色就是它的多语种检索（包括汉语在内的 25 种语言），并可对检索结果进行翻译（目前提供英语与法语、德语、西班牙语、意大利语、葡萄牙语之间的互译）。

AltaVista 这种完全的结果翻译功能，将是网络信息检索工具的发展趋势，也是保证在更广泛的范围内实现信息共享的必由之路。

四、检索工具的智能化

信息检索技术的发展经历了布尔检索、向量空间检索、模糊集合检索、概率检索、全文检索、超文本检索、多媒体检索等多个阶段，每一个阶段都在不断地完善，检索系统也越来越智能化。

网络智能检索工具以智能搜索引擎为代表，智能搜索引擎是结合了人工智能技术的新一代搜索引擎。它将信息检索从目前基于关键词层面提高到基于知识（或概念）层面，对知识有一定的理解与处理能力，能够实现分词技术、同义词技术、概念搜索、短语识别以及机器翻译技术等。智能搜索引擎具有信息服务的智能化、人性化特征，允许用户采用自然语言进行信息的检索，为他们提供更方便、更确切的搜索服务。这类搜索引擎的代表有尤里卡、悠游、Askjeevs、Google 等。智能搜索引擎具有以下优点：

（1）搜索结果的准确性。由于采取了知识库为基础的语义分析，在进行检索过程中，采用的不是关键词全文检索，而是基于概念的检索，这样搜索结果准确性提高了。

（2）搜索结果的范围定位准确。由于采用知识（概念）检索技术，明确和缩小了搜索范围，减少了对无用信息范围的检索。

（3）搜索结果的综合性。由于采用了知识库，搜索引擎将给用户提供更全面、更综合和更合理的知识框架。在这里，信息检索只是信息服务的一部分。

（4）搜索结果的智能性。所谓“智能来自知识”，有综合知识库作为背景，信息检索和导航服务将更智能。知识库中的知识有助于解决前面提到的“表达差异”问题，例如，只要定义“计算机”、“电子计算机”、“电脑”是同义关系就可以消除用户由于使用不同的词表达同一概念而带来的搜索困难。另外，知识库对用户的查询进行相关性联想，提供引导用户进行下一步查询的线索，这样一步一步地在与用户的交互过程中诱导用户“表达”出他真正想找的东西，从而实现对查询的智能导航。这种逐步求精的策略解决了信息检索“忠实表达”的难题。

尤里卡公司率先在其主页（http：//www. ulika. com）为广大互联网用户提供智能搜索服务。在尤里卡网站已经具有 300 多个概念，几乎涉及经济、技术、科学、体育、娱乐、生活等与人们生活相关的各个方面。同时，还为广大企业用户提供企业信息和企业产品的智能搜索，建立智能客户服务系统，实现人机对话，为企业节省了投资，完善了企业的客户管理。随着通信、存储、计算机、人工智能等理论和技术的不断发展，信息检索的全球网络化、全自动化、智能化将不会太遥远，信息检索技术的发展前景是非常广阔的。

复习思考题

1. 互联网提供的服务有哪些？
2. 网络信息资源有何特点？
3. 网络信息常见的音频格式和视频格式有哪些？
4. 谈谈网络信息采集与应用的未来发展趋势。

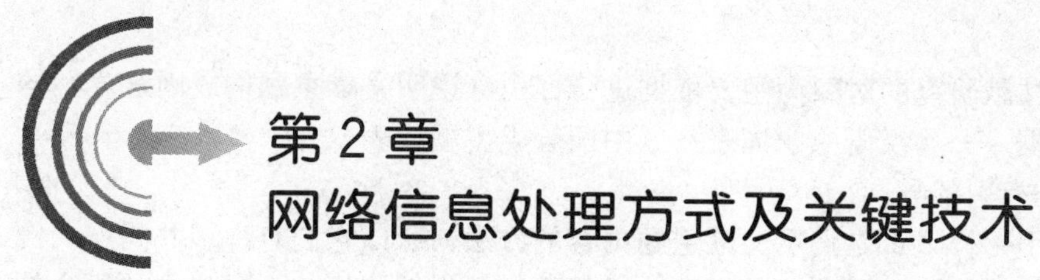

第2章 网络信息处理方式及关键技术

朝鲜战争前，兰德公司向美国国防部推销一份秘密报告，其主题词只有7个字，要价200万美元。美国国防部认为是敲诈，不予理睬，结果“在错误的时间，在错误的地点，与错误的敌人进行了一场错误的战争”。战争结束之后，国防部才想起那份报告，要来一看，追悔莫及。

那7个字是什么呢？“中国将出兵朝鲜”。从朝鲜战场归来的美军总司令麦克阿瑟将军得知这个报告之后，感慨道：“我们最大的失策是怀疑咨询公司的价值，舍不得为一条科学的结论付出不到一架战斗机的代价，结果是我们在朝鲜战场上付出了830亿美元和10多万名士兵的生命。”

本章重点知识

- 文献标引的意义
- 检索语言的基本原理
- 元数据的概念
- 分词技术
- 网络信息挖掘

第1节　文献标引理论

一、文献标引的概念

文献标引是指把自然语言（即文献的书名、篇名或著者等）转化为可控的人为语言（即情报检索语言）。

1. 文献标引的目的及意义

文献标引的目的是根据文献的内容特征和外部特征进行分析，确定检索标识，构成检索款目，提供较多的检索点。

文献标引的意义是为了揭示文献的内容特征，客观地、正确地、合理地、专指地揭示文献的学科内容，要注意实用性、针对性，保证标引结果的一致性。通过标引人员把文献和文献用户联系起来，使用户能在大量的文献中，全面、准确、迅速地查找到特定的文献。

2. 文献标引的方式

(1) 分类标引：以文献内容的学科、专业属性为主要依据进行标引（以分类表为依据——《中图法》)。

(2) 主题标引：以文献研究的对象为主要依据进行标引（说明文献主题构成因素之间的关系，以主题词表为依据——《汉语主题词表》、《中国分类主题词表》)。

3. 主题标引与分类标引的异同

主题标引与分类标引一样，都是揭示文献主题内容的方法，所以它们有许多共同点。例如在标引过程中均需对文献进行主题分析，而且一般都要以预先编制好的、反映主题概念的工具——分类表或主题词表为依据。就这种意义来说，分类法也可视为广义的主题法。

主题标引与分类标引之间也存在着明显的差异。例如分类法用的是号码标识，即以分类号作为文献的主题标识。而主题法采用的却是语词标识，即以规范的自然语言——主题词作为文献的主题标识。因此在主题概念的表达方面，主题法比分类法更直观。

关于主题概念的组织，分类法依据的是学科体系或逻辑体系，主题间的内在关系是通过上下位类、同位类、交替类目、参见类目以及类目注释来显示。分类法的系统性、等级性，使它具有便于族性检索、浏览检索，并可根据检索需求进行扩检与缩检的突出优点。

主题法按照语词的字顺来组织主题概念，主题间的内在关系主要是通过词间的用代、属分、相关关系等方式来显示。主题词的选词范围主要包括表示各种事物及其属性的普通名词和表示某一特定事物的专有名词，甚至可以对某个特定事物直呼其名，依名检索。因此主题语言要比分类语言更有针对性、更适合于特殊检索。

二、文献分类标引原则

1. 学科属性原则

文献分类标引首先必须以文献内容的学科或专业属性为主要标准，只有不适于以学科属性为区分标准时，才考虑以其他方面的性质（如体裁、地域、时代等）作为分类标准。

例：《集成电路手册》分入 TN4-62；

《钢铁是怎样炼成的》(苏联现代长篇小说）分入 I512.45；

《菜花能否移植》(论述日本俳句对外国诗歌的影响）分入 I106.2，而不能分入 S63；

《中国国家书目》分入 Z812.1；

Physics and the Sound of Music（论述音乐物理学，而非物理声学）分入 J611.1，不能分入 O424。

2. 专指性原则

文献分类标引必须符合专指性的要求，也就是说，要将文献分入恰如其分的类目，而不能分入范围大于或小于文献实际内容的类目。要区分总论与专论，不要将专论类的文献归入总论类，还要区分是阐述一般原理的，还是阐述具体问题的，不要把研究具体问题的文献归入阐述一般原理的类。

例：《综合业务通信网》应分入 TN915.14，而不分入其上位类 TN915.1 数字通信网，也不分入其下位类 TN915.141 窄带综合业务通信网（N-ISDN)；

《电视机维修手册》是总论电视机维修的著作，分入 TN949.7；

《彩色电视维修手册》是专论彩色电视机维修的著作，分入 TN949.12；

《信号处理》是论述信号处理一般原理的著作，分入 TN911.7；

《语音信号处理》是论述具体的语音信号处理的著作，分入 TN912.3；

Firewalls and Internet Security：*Repelling the Wily Hacker*（论述因特网如何防止黑客侵入）网络安全应分入 TP393.08，而不分入更泛指的类目 TP309。

3. 实用性原则

文献分类标引必须使文献尽其用，即要根据读者的需要将文献分入最大用途的类。对于交叉学科或是内容涉及多个学科的文献，应利用互见分类、分析分类等方法，对重要的分类检索点，予以充分揭示。此时应优选一类号作为主要分类号。

例：《最新汉英旅游词典》根据作者的写作目的与该书的主要服务对象将其归入 F59-61；

《莫泊桑短篇小说选》是法汉对照读物，依“最大用途”分入法汉对照读物 H329.4：I565.44；

《长江流域环境经济发展研究》是“交叉学科”文献，分入 F127.5 互见 X196；

《北京鸭》介绍了北京鸭的饲养管理方法、烤制技术及疾病防治等，内容涉及多个学科，分入 S834.4 互见 TS972.125.2、S858.3；

General Engineering Texts 是工程学科内容的英语读物，根据其用途，分入 H319.4：TB。

4. 系统性原则

文献分类标引必须体现分类法的系统性、等级性和次第性。凡能归入某一类的文献，必带有其上位类的属性。也就是说，凡能归入某一类的文献，一定也能归入其上位类。

例：《神经网络》从人体生理角度论述神经网络原理，分入 R338；

《神经网络原理》从科学计算角度论述人工神经网络原理，分入 TP183。

5. 逻辑性原则

文献分类标引必须遵循逻辑划分的原则，而不能违背概念逻辑。

例：《鲸的世界》，鲸属于哺乳动物类，而不属于鱼类，分入 Q959.841，不应分入 Q959.4；

《似鸟非鸟的蝙蝠》，蝙蝠属于哺乳动物类，而不属于鸟类，分入 Q959.833，不应分入 Q959.7；

《古钱探秘》，古钱研究属于文物考古类，而不属于货币史类，分入 K875.6，不应分入 F822.9。

6. 一致性原则

文献分类标引必须遵循一致性的原则，即将内容相同的文献集中归入同一个类目，而不是分散于有关各类。对于个别难以确定类属的主题，可以通过讨论，建立分类规范文档，人为地将其集中到某类，避免馆与馆之间、标引员与标引员之间，甚至同一个标引员在不同的时间里对同类文献给号的不一致性。

例：《老年经济学》分入 F069.9，不分入 C913.6-05；

《改革学》分入 D0，不分入 C93-03。

7. “其他”类原则

在分类法中，有些类的子目并非完全列举，未列子目的主题有时设一“其他”类加以概括。因此，当一个文献的主题在分类法中找不到为它专列的相应类号，但可以判断它是某一类目的同位类时，即可分入与其同位的“其他”类，只有在未设“其他”类时，才能分入上位类。所以，分入“其他”类优先于分入上位类。

例：《智能管理》分入 TP399，而不应分入 TP39；

《直接饲喂微生物在畜禽生产中的应用》分入 S816.79，而不应分入 S816.7。

8. 入上位类或依论述重点归类原则

论述一个主题的两个及两个以上方面并涉及两个及两个以上类目的文献，论述两个或两个以上主题而涉及两个及两个以上类目的文献，能分入其上位类的，分入其上位类，否则可依其重点归类。对于文献中包含的重要信息或作者强调的内容，虽非重点论述部分，也应以附加分类方式予以揭示。

例：《铅酸蓄电池的设计、制造、使用和修理》分入上位类 TM912.1；

《汽车使用、保养与维修》依重点分入 U471.2；

《巴金研究资料》含巴金最新传记资料、虽然所占篇幅甚少，分入 I206.7 互见 K825.6；

《昌盛之路》重点论述社会主义建设，是一种爱国主义教育学习参考资料，分入 D61 互见 D647。

9. 新学科、新主题文献分类原则

新学科、新主题文献在分类表中没有明确类目时，可先归入其母学科或归入其相关的上位类。

例：《2000 年软件危机的挑战与对策》分入 TP311.53；

《条形码技术》分入 TP391.44。

三、文献主题标引

文献主题标引是分类法以外另一种从内容角度标引和检索信息资源的方法。所谓主题，通常指文献论述的对象，包括事物、问题、现象等。经过选择，用来表达文献主题的语词，称为主题词。所谓主题法就是直接以表达文献主题的语词为检索标识，以字顺为主要检索途径，并通过参照系统等方法揭示词间关系的标引和检索文献的方法。

1. 特征

虽然目前各国采用的主题法存在多种形式，但一般具有如下特征：

（1）主题法都是以特定的事物、问题、现象，即主题为中心集中图书资料的。以论述茶的文献为例，在分类法中，关于茶的种植、茶的焙制、茶的贸易等主题，一般应按学科分别归入农业科学、工业技术、经济等不同学科部门，而在主题法中，则不必考虑其学科性质，可以直接在“茶”这一主题下予以揭示。

（2）主题法都是直接以语词作为检索标识的。主题法不像分类法那样，以抽象的号码系统作为检索标识，而是直接选用经过规范化处理的语词对文献进行标引。如“茶的焙制”这一主题，《中图法》的标引为 TS272.4，而在主题法中，则可直接用“茶—焙制”加以标引。

（3）主题法都是以字顺方式作为主要检索途径的。虽然根据揭示词义关系的需要，主题法也采用范畴、词族等方式组织主题词，但字顺方式始终是它的主要排检依据。

（4）主题法一般都是通过详尽的参照系统等方式揭示主题词之间的关系。为克服字顺排列不能揭示主题词之间联系的局限，主题法发展了完备的参照系统，设有用、代、属、分、参等多种参照项，并备有词族索引、范畴索引、轮排索引等多种辅助索引，从而在主题词之间建立起充分的语义联系。

（5）主题法主要是用来处理文献资料、编制各种检索工具及检索系统的。分类法通常同时用以组织文献排架和编制分类检索工具；主题法则一般不用于组织图书，只广泛用于组织各种检索工具，不仅可以利用它编制各类供手检使用的书目索引，同时也可以用来建立计算机检索系统，进行机械检索。

从上面的分析可以看出，主题法虽然也是从文献内容着手进行揭示的，但有着自身的规律和要求，是一种和分类法角度不同，特点各异的标引和检索的方法。

2. 类型

主题法的类型可以有许多不同划分方法，按照主题词的选词方式，习惯上可以分为标题法、元词法、叙词法、关键词法，按照其使用时组配的先后，则可以分为先组式主题法和后组式主题法。

（1）标题法。

标题法是最早出现的一种主题法类型。它是一种以标题词作为文献主题标识的标引和检索的主题法。所谓标题词，也称标题，是指经过规范化处理的，用来标引文献的词或词组，通常为比较定性的事物名称。如“图书”、“图书馆”、“图书分类”、“情报存储和检索”等都可以作为标题词。

标题法作为一种传统的主题法，其特点是：1）采用列举式词表，形式直观。2）定组式标题结构固定，含义明确。3）按照词表列举的标题和副标题进行标引，操作方便。但采用列举方式，往往造成词表的收词量大、专指度相对不足、修订量大等问题，而且只能从规定的组配顺序入手对其查找，无法从多因素、多角度进行检索。

（2）元词法。

元词法是随着文献数量剧增，文献主题日益复杂的情况下，为克服标题法的不足发展起来的主题法类型。它是一种以元词作为主题标识，通过字面组配的方式表达文献主题的主题法。所谓元词，是指用来标引文献主题的、最基本的、字面上不能再分的语词，如“化学”和“经济”就属于元词，而“文献分类”和“主题标引”则可进一步分解成“文献”、“分类”、“主题”、“标引”。在元词系统中，文献主题的标引和检索通过单元词的组配进行。

元词法目前已被叙词法所取代。

（3）叙词法。

叙词法是以从自然语言中精选出来的，经过严格处理的语词作为文献主题标识，通过概念组配方式表达文献主题的主题法类型。叙词也称主题词，是经过规范化处理的，以基本概念为基础的表达文献主题的词和词组。

叙词法与元词法的不同主要是吸收元词法的组配方式的同时，采用概念组配代替字面组配。

叙词法采用组配方法，集多种检索语言的功能于一身，使其成为一种性能优越的现代检索语言，其特点有：1）组配准确，标引能力强。叙词语言遵循概念组配的原则，避免了字面组配容易出现的误差和失真，从而能准确、专指地标引和揭示各种主题内容。2）结构完备，词汇控制严格。通过参照系统和各种索引，可以根据检索系统的需要对词汇进行有效控制。3）适合多途径检索，检索效率高。4）对检索系统的适应性强。叙词语言可能同时适用于标识单元和文献单元检索方式，既能较好适应计算机检索系统的要求，又能适应于手工检索系统的需要。

叙词法的不足有：1）词汇控制要求严格，词表编制和管理的难度大，需要花费较多人力、物力。2）文献标引须在概念分析的基础上进行，标引规则较复杂，标引难度大，速度慢。3）用户难以熟悉词表及标引规则，给使用带来不便。我国目前使用最广泛的叙词表为《汉语主题词表》。

四、网络信息资源的分类标引

与传统分类对象相比，网络资源的特点是，数量大、种类多、动态性强，内容分布特点不同。就信息资源的性质而言，不仅包括正式出版物，也包括大量灰色文献、个人信息；从信息资源种类而言，除包括已有的传统信息资源类型，还包括BBS、聊天室、新闻组、多媒体资源等多种形式。在内容分布上，新兴科学技术、商业、娱乐等的数量相对比较多。网络信息资源的分类，目前有两种方式，一种是在传统分类体系的基础上，进行必要的增补，目前国外依据DDC、UDC、LC等建立的网络分类检索系统基本上属于这类情况；另一种是直接以网络资源为对象编制的分类体系，Yahoo、搜狐等网络分类检索系统属于此类情况。

各种网络信息资源的分类方法，基本上与传统信息资源处理的方法相同，一般应按分类体系的特点，将信息资源归入相对应的类目之下。但在采用传统分类体系作为工具的情况下，可以以原有类目为基础，根据资源情况，对类目进行少量调整。例如："国际图联"网站可使用《中图法》标引为：G25-20。

第2节　检索语言

一、检索语言的概念

检索语言是用来描述文献的内容特征、外表特征和表达信息检索的一种人工语言。按其使用的场合不同，检索语言常使用不同的名称，存储过程中用来标引文献就称为标引语言；用以编制索引就称为索引语言；检索过程中用来检索文献则称为检索语言。

由于自然语言本身存在大量的词汇歧义和语义歧解现象，不能直接用作存储和检索中使用的语言，人们便编制了各种检索语言。检索语言在文献信息的存储与检索中具有非常重要的作用，它贯穿于文献信息的存储与检索的全过程，是信息处理人员（标引人员）与检索人员之间思想沟通的约定语言。对信息处理人员来说，它是表达文献主题内容、形成文献标识并赖以组织文献的依据；而对检索人员来说，它是表达检索课题要求，借助检索系统中已经存储的文献标识进行比较进而获得所需文献的依据。检索语言和自然语言一样，具有表达客观事物的能力。检索语言在概念的表达上具有唯一性、排他性，消除了自然语言中存在的多义词、同义词等不适于检索的缺点。因此，检索语言是信息处理人员与检索人员共同遵循的"纲领"，检索语言表达事物概念比自然语言更准确，它能使标引人员和检索人员对事物概念的理解和表达高度一致。在实际的存储和检索过程中，信息处理人员处理每篇文献时都需要参照检索语言，以保证检索系统的质量，而检索人员多数是在不自觉状态下使用检索语言，这正是许多检索结果不理想的主要原因。

二、检索语言的分类

检索语言的种类很多，按描述文献特征的不同，检索语言可分为描述文献外表特征的检索语言和描述文献内容特征的检索语言。描述文献外表特征的检索语言包括题名（书名、篇名)、著者姓名、代码（专利号、报告号、标准号等）和引文语言（被引用著者姓名和被引用文献的出处）等。描述文献内容特征的检索语言包括分类语言和主题语言两种，其中主题语言又有标题语言、关键词语言和叙词语言等之分。

描述文献外表特征的检索语言，作为文献标识与检索依据，直接明了，使用时较为简单。而描述文献内容特征的语言，也就是分类语言和主题语言的原理和使用方法是我们主要的学习对象。

1. 分类语言

分类语言是一种按学科范畴和体系来划分事物的语言，一般情况下，它是以阿拉伯数字或者以拉丁字母和阿拉伯数字混合作为字符，采用字符并以圆点作为分隔标识的书写方法，以基本类目作为基本词汇，以类目的从属关系来表达复杂概念的一类检索语言。

分类检索语言又可分为体系分类语言、组配分类语言两种。目前使用最广泛的还是体系分类语言。

体系分类语言是一种直接体现知识分类的等级制概念的标识系统。具体地说，它是以科学知识分类为基础，结合文献信息的内容及特征，运用概念划分和归属的方法，采取从总到分、从一般到个别、从抽象到具体、从低级到高级、从简单到复杂的层层划分方法。每划分一次就形成一批并列的概念——下位概念（下位类），它们同属于一个被划分的概念——上位概念（上位类），几个下位概念之间体现的是平行关系，而上、下位类之间则是隶属关系。体系分类语言可以直接体现知识分类的要求，把众多的文献强制性地按照特定的分类体系予以组织，从而提供从学科分类检索文献的途径，因而具有较强的系统性，便于文献检索中检全某一学科、某一专业或某一宽泛课题的文献，可以鸟瞰学科或专业的全貌，由此及彼，触类旁通。

《中国图书馆分类法》是典型的体系分类语言，是以解决文献信息分类问题，实现全国文献信息分类标准化为目的而编制的一部大型文献信息分类法，是国家推荐统一使用的体系分类法。《中国图书馆分类法》第五版已经出版。

2. 主题语言

主题语言是一种描述性语言，用语词作为表达主题概念的标识，将作为标识的语词按字顺排列并使用参照系统来间接表达各种概念之间的关系。

根据对语词的选词原则、组配方式、规范处理等情况，主题语言分为关键词语言、标题词语言和叙词语言。下面着重介绍关键词语言和叙词语言。

（1）关键词语言。

关键词是指表示文献主题意义的，由作者使用的名词或词组（包括各种符号）。关键词是主题词的一种，只是在词汇来源和词语规范化方面与叙词法等主题检索语言有明显的不同。关键词法主要以作者在文献中的用词作为检索款目，基本上不对词语加以控制（没有预先编制的词表），能较快地反映科技的最新发展。由于无须人工干预，它十分适合于计算机编制索引，以加快索引的出版速度，增加可使用的检索入口词。由于使用了作者使用的名词或词组，检索时难以考虑到所有可使用的词语，容易漏查；特别是关键词过分依赖计算机机械地抽取词汇和排列文献，因而检出的不切题文献的比例较大，检索垃圾比较多，误检率也比较高。

由于关键词未经人工规范化处理，为了提高检索的检准率和检全率，确定检索用关键词的方法如下：

1）分析课题，提取概念。对课题仔细进行分析，特别要分析课题涉及的事物名称，最主要的事物名称应作为首选考虑的检索概念。

2）整理概念，扩充同义词汇。将分析所得的概念整理归纳，分成若干个组面。应考虑对每一组用词的同义词和缩写词、复数形式等予以扩充，以提高检全率。

3）运用分析所得词汇试查。用分析所得词汇在所选择的检索工具中试查，让检索结果检验分析所得的词汇的实际查找效果，进而确定课题合用的关键词。

（2）叙词语言。

叙词语言是以规范化科学名词为基础的一种主题法检索语言。叙词是从自然语言中优选出来的经过规范化的名词术语。

叙词语言的体现形式是叙词表。常见的叙词表如我国的《汉语主题词表》、英国《科学文摘》使用的《INSPEC 叙词表》、美国《工程索引》使用的叙词表等。

《汉语主题词表》是我国第一部大型综合性汉语叙词表，我国许多检索工具都使用《汉语主题词表》。《汉语主题词表》共分三卷十个分册，包括主表（字顺表）、附表、词族索引、范畴索引和英汉对照索引，收录正式主题词 91 158 条，非正式主题词 17 410 条。主表（字顺表）是标引、检索和组织目录的主要工具。主表的全部主题词款目按汉语拼音字顺排列，并在每个主题词款目下根据需要设有“Y”（用）、“D”（代）、“F”（分）、“S”（属）、“Z”（族）、“C”（参）等参照项。其中“Y”（用）表示从非正式主题词指引到正式主题词；“F”（分）表示主题词的下分词（狭义主题词）；“S”（属）表示主题词的上属词（广义主题词）；“Z”（族）表示主题词所属的族首词。

词族索引，也称族系索引，是把主表中具有种属关系、部分整体关系和包含关系的正式主题词，按其本质属性展开全显示的一种词族系统。这种索引在机器检索系统中，是实现自动扩检、满足族性检索的重要手段，同时又是在标引和检索工作中查词和选词的一种辅助工具。

范畴索引，也称分类索引，是按照学科范畴并结合词汇分类的需要，把主表中的全部款目的主题词按社会科学与自然科学两大范畴划分为 58 个大类，以便从分类角度来查找与某一范畴内容有关的主题词，是主表的一种辅助工具。

英汉对照索引，是按主题词英文译名排列的一种索引，为标引和查找英文图书资料时通过英文译名来选定汉语主题词的一种辅助工具。

附表，是从主表派生出来的一种专用词汇表，包括：世界各国政区名称、自然地理区划名称、组织机构名称和人名。附表是主表不可分割的组成部分。

第 3 节　计算机信息检索

一、计算机信息检索概述

1. 计算机信息检索的概念

计算机信息检索就是指人们在计算机或计算机检索网络的终端上，使用特定的检索指令、检索词和检索策略，从计算机检索系统的数据库中检索出所需要的信息，然后再由终端设备显示和打印的过程。为实现这种信息检索，必须事先将大量的原始信息加工处理、存储在各种信息载体上待用，所以计算机信息检索广义上讲包括信息的存储和检索两个方面。

计算机信息存储就是将所选中的一次文献进行主题分析、标引和著录，按一定格式输入计算机，构成机读数据库记录及文献特征标识，这相当于编制手工检索用的文摘索引等检索工具，即信息的标引、加工和存储过程。

计算机信息检索则是存储的逆过程。用户对检索课题加以分析，明确检索范围，弄清主题概念，然后用系统语言来表示主题概念，形成检索标识及检索策略，输入到计算机进行查找。这一查找的过程实际上是计算机自动比较匹配的过程，当检索标识、检索策略与数据库中的信息的特征标志及其逻辑组配关系相一致时，则检索命中，即找到了符合要求的信息。检索结果可以联机或脱机打印输出。

2. 计算机信息检索的特点

（1）检索途径多。计算机信息检索提供了主题、分类、著者、题名、全文等多种检索方法，还可以对多个检索词进行逻辑组配进行检索。

（2）新颖性。计算机信息检索系统的数据库更新周期比印刷型出版物要快得多，可以实现按季、月、日更新，有些联机数据库甚至是实时更新。

（3）高效性。计算机信息检索速度快、效率高，有些数据库的响应速度是秒级水平。

（4）灵活性。用户对检索结果可以在线浏览，也可以保存到计算机或其他存储设备上，还可以进行文本编辑加以利用。

（5）广泛性。计算机信息检索系统收录文献的年代长、学科范围广，有些系统不仅收录文摘和题录，而且还收录了文献的原文。

3. 计算机信息检索系统的构成

计算机信息检索系统由计算机检索终端、通信设施、数据库、检索软件及其他应用软件四部分构成。

4. 计算机信息检索系统的分类

计算机信息检索系统从其数据库的角度可划分为参考数据库和源数据库。

（1）参考数据库：指引用户到另一信息源获得原文或其他细节的一类数据库，它又包括书目数据库和指南数据库。

书目数据库是指存储某个领域的二次文献（如文摘、题录、目录等书目数据）的一类数据库，有时又称为二次文献数据库，或文献数据库。如联机公共检索目录 OPAC（Online Public Access Catalog）、美国化学文摘数据库、中文社科报刊篇名数据库、中文科技期刊数据库、中国人民大学书报资料中心复印报刊资料索引等。

指南数据库是指存储关于某些机构、人物、出版物、项目、程序和活动等对象的简要描述，指引用户从其他有关信息源获得更详细的一类数据库，也称指示性数据库。如机构名录数据库、人物传记数据库、产品数据库、基金数据库、软件数据库等。

（2）源数据库：能直接提供原始资料或具体数据的自足性数据库，用户不必再查阅其他信息源。它又可划分为以下几个类型：

1）全文数据库。全文数据库是指存储原始文献全文或其中主要部分的一种源数据库，简称全文库。收录文献以期刊论文、会议论文、政府出版物、研究报告、法律条文和案例、商业信息为主，如 EBSCO 全文数据库、中国人民大学书报资料中心复印报刊资料全文数据库。

2）电子图书。最初的电子图书主要以百科全书、字典词典等工具书为主，近年来发展迅速，已涉及很多学科领域，文学作品、学术专著、教学参考书所占比例越来越大，电子图书正在逐步发展成为比较主要的数字信息资源。

3）电子期刊。电子期刊是指以数字形式存储在光、磁等介质（如 CD-ROM、磁盘）上，并可通过计算机设备进行本地或远程读取使用的连续出版物。电子期刊包括：与纸制期刊并行的电子期刊，如《科学》（*Science*）、《自然》（*Nature*）等；纯电子期刊，如《数字图书馆杂志》、《新物理学杂志》等。

4）数值数据库。数值数据库是专门提供以数值方式表示数据（或包括其统计处理表示法）的一种源数据库，如各种统计数据库、财务数据库、科技数据库等。

5）文本数值数据库。文本数值数据库是指能同时提供文本信息和数值数据的一种源数据库，如公司信息库、产品市场报告数据库和物性数据库。

6）术语数据库。术语数据库是指专门存储名词术语信息、词语信息以及术语工作和语言规范工作成果的一种源数据库，各种电子化辞书也包括在内。

7）图像数据库。图像数据库用来存储各种图像或图形信息及有关文字说明资料的一种源数据库，主要应用于建筑、设计、广告、产品目录、图片、照片等资料类型的计算机存储与检索。

计算机信息检索系统按信息访问模式划分为联机检索系统、光盘检索系统、网络信息检索系统。

二、计算机信息检索技术

计算机信息检索过程实际上是检索词与标引词比较的过程。单个检索词的计算机检索比较简单，两个或两个以上的检索词则需要先根据检索课题的要求对检索词进行组配。在计算机信息检索系统中，基本的检索技术有布尔逻辑检索、截词检索、字段检索、位置算符检索、全文检索等。

1. 布尔逻辑检索

规定检索词之间的逻辑关系的算符，称为布尔逻辑算符。主要的布尔逻辑算符有：逻辑与（AND）、逻辑或（OR）、逻辑非（NOT）。

（1）逻辑与（AND）。逻辑算符“AND”也可以写作“*”。逻辑与用来组配不同的检索概念，其含义是检出的记录必须同时含有所有的检索词。组配方式为：“A*B”，表示数据库中同时含有 A、B 两词的文献为命中文献。其作用是增加限制条件，即增加检索的专指性，以缩小提问范围，减少文献输出量，提高检准率。

（2）逻辑或（OR）。逻辑算符“OR”也可以写作“＋”。逻辑或用来组配具有同义或同族概念的词，如同义词、相关词等，其含义是检出的记录中至少含有两个检索词中的一个。组配方式为：“A OR B”或者“A＋B”，表示数据库中凡含有 A 或者 B 检索词或者同时含有检索词 A 和 B 的文献均为命中文献。使用逻辑或相当于增加检索主题的同义词、近义词和相关词，其作用是放宽提问范围，增加检索结果，起扩检作用，提高检全率。

（3）逻辑非（NOT）。逻辑非算符“NOT”也可写作“－”。逻辑非用来排除含有某些词的记录，即检出的记录中只能含有“NOT”算符前的检索词，但不能同时含有其后的词。组配方式为：“A－B”，表示数据库中含有 A 词而不含有 B 词的文献为命中文献。其作用是排除不希望出现的检索词，它和“*”的作用相似，能够缩小命中文献范围，增强检索的准确性。

三种布尔逻辑算符的优先级从高到低为逻辑非（NOT）、逻辑与（AND）、逻辑或（OR）。同一组检索提问中既含有“OR”，又含有“AND”时，必须使用优先算符“()”。

可以用优先算符来提高布尔逻辑算符的优先级，例如："(financial or monetary) and bonds and not (chemical or atomic)"。

2. 截词检索

截词检索是指在检索式中用专门符号（截词符号）来表示检索词的某一部分允许有一定的词形变化，因此检索词的不变部分加上由截词符号所代表的任何变化式所构成的词汇都是合法检索词，结果中只要包含其中任意一个就满足检索要求。截词检索的主要目的是提高文献检索的检全率，不同的数据库和搜索引擎有不同的截词符号，DIALOG 系统中用"?"；搜索引擎中用"*"；ORBIT 系统中用"+"，万方数据资源系统中用"$"。

截词检索的类型有：

(1) 右截词，又称后截词、前方一致，允许检索词的词尾有若干变化。右截词主要用于查找词的单复数、年代、作者、同根词。例如："comput*"将检索出"computer、computing、computerized、computerization"等结果。

(2) 中间截词，又称中间一致。允许检索词中间有若干变化，中间截断是为解决有些单词在不同国家拼写方式不同，或者有些词在某个元音位置上出现的单、复数拼写不同。例如："wom*n"将检索出"woman、women"的结果。

(3) 左截词，又称前截词、后方一致，允许检索词的词前有若干变化。例如："*physics"可检索到"physics、astrophysics、biophysics、chemophysics、geophysics"等结果。

3. 字段检索

字段检索是限定检索词必须在数据库记录中规定的字段范围内出现的文献方为命中文献的一种检索方法。字段检索有时用代码来表示，常用的字段代码见表 2—1。

表 2—1　　常用字段检索代码

字段代码	英文字段名称	中文字段名称
AB	Abstract	文摘
AU	Author	作者
CS	Corporate Source	机构名称
DE	Descriptor/Subject	叙词/主题词
DT	Document Type	文献类型
FT	Full-Text	全文
ISSN	ISSN	国际标准连续出版物号
JN	Journal Name	期刊名称
KW	Key Word	关键词
LA	Language	语种
PY	Publication Year	出版年
TI	Title	题名

表 2—1 中所列的为通用的字段名称和代码，不同的数据库有不同的使用方法、字段名称和代码。例如：在 EBSCO 全文数据库检索中，"AB digital library and TI metadata"表示在摘要中检索"digital library"，在文章名中检索"metadata"。

4. 位置算符检索

位置算符检索适用于两个检索词以指定间隔或者指定的顺序出现的场合，如以词组形式表达的概念、彼此相邻的两个或两个以上的词、被禁用词或特殊符分隔的词以及化学分子式等。如果说布尔逻辑算符是表示两个概念之间的逻辑关系的话，位置算符表示的是两个概念在信息中的实际物理位置关系。常用的位置算符如下：

(1) 位置算符（W）。表达式：A（W）B，W 的含义为 Word，表示 AB 两词靠近，次序为 A 先 B 后。例如：communication（W）satellite 只检索出 communication satellite。

(2) 位置算符（*n*W）。表达式：A（*n*W）B，表示 AB 两词靠近，次序为 A 先 B 后，中间最多可加 *n* 个词。例如：communication（2 W）satellite，只检索出 communication satellite、communication though satellite、communication on the satellite 词组的记录。

(3) 位置算符（N）。表达式：A（N）B，N 含义为 Near，表示 AB 两词靠近，次序可变。

(4) 位置算符（*n*N）。表达式：A（*n*N）B，表示 AB 两词靠近，次序可变，中间最多可加 *n* 个词，例如：cotton（2N）processing 时，凡含有 cotton processing、processing of cotton 和 processing of Egyptian cotton 的文献记录都算命中。

(5) 位置算符（F）。表达式：A（F）B，F 的含义为 Field，表示 AB 两词在同一字段中，次序可变，中间可插任意检索词。例如：pollution（F）control 可在同一题目字段中查出 control and management of industrial pollution。

(6) 位置算符（S）。表达式：A（S）B，S 的含义为 Sentence，表示 AB 两词在同一子字段中（同一句子中），次序可变。例如：communication（S）satellite，系统将检索句子中包含有 communication satellite 和 satellite communication 词组的记录。

5. 全文检索

全文检索是指直接对原文进行检索，从而更加深入到语言细节中去。全文检索技术通常用于全文数据库和搜索引擎中，使用全文检索可以提高检全率。采用相关的检索，可以提高全文检索的检准率，如在西文数据库中，配合位置算符检索可以提高检准率。

第 4 节　元数据技术

一、元数据的概念

“元数据”是英文单词“Metadata”的中文意译，也有翻译为“元资料”。元数据直译为关于数据的数据，属于计算机领域中的术语。我们可以用一个简单的例子来说明：有一本书《政治经济学》，我们对它的书名、作者、出版社等信息做一个简单的摘要，那么这个摘要信息就可以称作元数据。同样的，关于物质世界和初始事物的简单（相对于源）再描述所得到信息都可以称作元数据，这就是元数据的一般定义。元数据最基本的用途就是管理数据，从而实现查询、阅读、交换和共享。元数据是描述 Internet 信息资源的一种数据格式。目前，网上数字资源比较常用的元数据格式有 MARC、Dublin Core（DC）、VAR 核心类目、REACH 著录元素集等。

一个 Metadata 格式由多层次的结构予以定义：

(1) 内容结构（Content Structure），对 Metadata 的构成元素及其定义标准进行描述。

(2) 句法结构（Syntax Structure），定义 Metadata 结构以及如何描述这种结构。

(3) 语义结构（Semantic Structure），定义 Metadata 的具体描述方法。

二、元数据的应用

1. 元数据的应用目的

(1) 检索和确认（Discovery and Authentification）。元数据主要致力于如何帮助人们检索和确认所需要的资源，数据元素往往限于作者、标题、主题、位置等简单信息，Dublin Core 是其典型代表。

（2）著录描述（Cataloging）。用于对数据单元进行详细、全面的著录描述。数据元素包括内容、载体、位置与获取方式、制作与利用方法甚至相关数据单元方面等，数据元素数量往往较多，MARC、GILS 和 FGDC/CSDGM 是这类 Metadata 的典型代表。

（3）资源管理（Resource Administration）。支持资源的存储和使用管理，数据元素除比较全面地著录描述信息外，还往往包括权利管理（Rights/Privacy Management）、电子签名（Digital Signature）、资源评鉴（Seal of Approval/Rating）、使用管理（Access Management）、支付和审计（Payment and Accounting）等方面的信息。

（4）资源保护与长期保存（Preservation and Archiving）。支持对资源进行长期保存，数据元素除对资源进行描述和确认外，往往包括详细的格式信息、制作信息、保护条件、转换方式（Migration Methods）、保存责任等内容。

2. 元数据的应用领域

20 世纪 90 年代以来，根据不同领域的数据特点和应用需要，许多 Metadata 格式在各个领域出现。

例： 网络资源：Dublin Core、IAFA Template、CDF、Web Collections。
文献资料：MARC、Dublin Core。
人文科学：TEI Header。
社会科学数据集：ICPSR SGML Codebook。
博物馆与艺术作品：CIMI、CDWA、RLG REACH Element Set、VRA Core。
政府信息：GILS。
地理空间信息：FGDC/CSDGM。
数字图像：MOA2 Metadata、CDL Metadata、Open Archives Format、VRA Core、NISO/CLIR/RLG Technical Metadata for Images。
档案库与资源集合：EAD。
技术报告：RFC 1807。
连续图像：MPEG-7。

3. Metadata 格式的应用现状

不同领域的 Metadata 处于不同的标准化阶段：

（1）在网络资源描述方面，Dublin Core 经过多年国际性努力，已经成为一个广为接受和应用的事实标准。

（2）在政府信息方面，由于美国政府的大力推动和有关法律、标准的实行，GILS 已经成为政府信息描述标准，并在世界若干国家得到很大程度的应用。与此类似的还有地理空间信息处理的 FGDC/CSDGM。

第5节　中文自动分词处理技术

一、中文自动分词概述

中文自动分词，是对索引库中的网页文件进行预处理的一个重要步骤。它工作在搜索引擎的网页预处理阶段，在它之前，相关程序已经对从网页库中取出的网页文件进行了处理，获取了其中主题（Title）、作者（Author）、统一资源定位符（URL）等信息，并将 HTML 语法部分删除，形成了由网页中文本部分组成的字符串。分词器做的工作，就是把这个字符串按照语意进行分解，使它成为一组能标识该网页的词的集合。

对于英文，最小的语法单位和语意单位都是单词。由于英语书写的习惯是把单词与单词之间用一个空格分开，所以很容易依靠空格来分解整篇文章。但是对于中文，情形就大不相同，中文里面最小语法单位是字，但是最小语意单位是词。如果以字为单位来切分整篇文章，处理起来比较容易，但是带来的时间及空间的消耗是非常大的。更重要的是一个字根本无法准确表述一个意思，很容易出错，假设以字为单位来进行切词，用户搜索的结果很可能与用户原本的意图风马牛不相及。

要准确标识中文文章的语意，就必须将其切分成汉语词的集合。但是要准确的按照文章语意来切分词不是件容易的事情。例如，对于句子“中华人民共和国成立了”，其中“中华”和“华人”都是词，在这句话中应该按照“中华”来切词；但是对于句子“参与投资的外商中华人占绝大多数”，这时又该按照“华人”来切分。这些问题让机器来处理时就困难了。

二、中文文献的索引方法

1. 基于字符串匹配的分词方法

这种方法又称为机械分词方法，它是按照一定的策略将待分析的汉字串与一个“充分大的”词典中的词条进行匹配，若在词典中找到该字符串，则识别出一个词。

按照扫描方向的不同，串匹配分词的方法可以分为正向匹配和逆向匹配；按照不同长度优先匹配的情况，又可以分为最大匹配和最小匹配。按这种分类方法，可以产生正向最大匹配、逆向最大匹配，甚至是将它们结合起来形成双向匹配。由于汉字是单字成词的，所以很少使用最小匹配法。一般来说，逆向匹配的切分精度略高于正向匹配，这可能是汉语习惯将词的重心放在后面的缘故。统计结果表明：单纯使用正向最大匹配的错误率为 1/169，单独使用逆向最大匹配的错误率为 1/245，但这两种方法都不足够准确，所以很少直接使用正向最大或逆向最大匹配法。

2. 基于统计的分词方法

从形式上看，词是稳定的字的组合，因此在上下文中，相邻的字同时出现的次数越多就越有可能构成一个词。因此，字与字相邻共现的频率能够较好地反映成词的可信度。可以对语料中相邻共现的各个字的组合的频率进行统计，计算它们的互现信息。当互现信息较高时，可以认为它们是一个词。这种方法的学习性很强，但很难投入使用。

3. 基于理解的分词方法

这种分词方法是通过让计算机模拟人对句子的理解，达到识别词的效果。其基本思想就是在分词的同时进行句法、语义分析，利用句法信息和语义信息来处理歧义现象。它通常包括三个部分：分词子系统、句法语义子系统、总控部分。在总控部分的协调下，分词子系统可以获得有关词、句子等的句法和语义信息来对分词歧义进行判断，即它模拟了人对句子的理解过程。这种分词方法需要使用大量的语言知识和信息。由于汉语语言知识的复杂性，难以将各种语言信息组织成计算机可直接读取的形式，因此目前基于理解的分词系统还处在试验阶段。

三、简单的匹配方法

1. 正向减字最大匹配法（MM）

MM方法的基本思想是：对于每一个字串，先从正向取出规定的最大长度的几个字，并到字典中查找，如果字典中有此字串，则说明该字串是一个词，放入该字串的分词表中，并从原文中切除这几个字，然后继续此操作；如果在字典中找不到，说明这个字串不是一个词，将字串最右边的那个字删除，继续与字典比较，直到该字串为一个词或者是单独一个字时结束。

2. 逆向减字最大匹配法（RMM）

与MM方法相比，RMM方法就是从逆向开始。过程与MM方法基本相同，可以对文本和字典先做些处理，把它们都倒过来排列，然后使用MM方法。例："发展中国家兔"，按照MM方法得出的结果是"发展中国家/兔"，而按照RMM方法得出的结果是"发展/中国/家兔"。

3. 正/逆向结合的方法

不论是正向还是逆向，分词的总体准确率都很难达到实际运用的要求，所以单独的正向或逆向方法是行不通的。有人提出正/逆向结合的方法，但具体实现各不相同。

由于语言的灵活性，完全精确的分词算法在目前是不太可能实现的。除了上述三种基本分词算法，吴栋和滕育平介绍了一种正向逐一增长法，郭辉、苏中义、王文、崔俊提出了一种长词优先的方法，分词的准确率都比上述三种算法高。

就像在操作系统中经常遇到时间与空间相矛盾的情况一样，在中文分词时，分词效果好的算法能够较准确的切分文章的关键字，提高搜索结果的准确度，但是用时较长；而分词速度快的算法，虽然能较快速的完成切分工作，但往往会影响切分的准确率，影响搜索的结果。

四、典型自动分词系统介绍

衡量自动分词系统的主要指标是切分精度和速度。由于切分速度与所运行的软硬件平台密切相关，在没有注明运行平台时，切分速度只是一个参考指标，没有可比性。另外，所注明的切分精度都是开发者测试的结果。

1. 早期的自动分词系统

自20世纪80年代初期，中文信息处理领域提出自动分词以来，一些实用的分词系统逐步得以开发，其中几个比较有代表性的自动分词系统在当时产生了较大的影响。

CDWS分词系统是我国第一个实用的自动分词系统，由北京航空航天大学计算机系于1983年设计实现。它采用的自动分词方法为最大匹配法，辅助以词尾字构词纠错技术，其分词速度为5～10字/s，切分精度约为1/625，基本满足了词频统计和其他一些应用的需要。这是汉语自动分词实践的首次尝试，具有很大的启发作用和理论意义，科学地阐明了汉语中的歧义切分字段的类别、特征以及基本的对策。

书面汉语自动分词专家系统是由北京师范大学现代教育研究所于1991年左右研制成功的，它首次将专家系统方法完整地引入到分词技术中。系统中知识库与推理机保持相对独立，知识库包括常识性知识库（词条的词类24种、歧义词加标志及其消除规则编号、消歧的部分语义知识，使用关联网络存储）和启发性知识库（消歧产生式规则集合，用线性表结构存储），词典使用首字索引数据结构。通过引入专家系统的形式，系统把分词过程表示成为知识的推理过程，即句子“分词树”的生长过程。该系统对封闭语料的切分精度为99.94%，对开放语料的切分精度达到99.8%，在386机器上切分速度达到200字/s。这些性能代表了当时的一流水平。

2. 清华大学SEGTAG系统

SEGTAG系统着眼于将各种各样的信息进行综合，以便最大限度地利用这些信息提高切分精度。系统使用有向图来集成各种各样的信息，这些信息包括切分标志、预切分模式和其他切分单位。为了实现有限的全切分，系统对词典中的每一个重要的词都加上了切分标志，即标志“ck”或“qk”。“qk”标志表示该词可进行绝对切分，不必理会它是否产生切分歧义；“ck”标志表示该词有组合歧义，系统将对其进行全切分，即保留其所有可能的切分方式。系统通过这两种标志并使用几条规则以实现有限的全切分，限制过多的切分和没有必要的搜索。

SEGTAG系统的切分规则包括：

(1) 无条件切出qk类词。

(2) 完全切分ck类词（保留所有可能子串）。

(3) 对没有标记（qk或ck）的词，若它与别的词之间存在交叉歧义，则做全切分；否则将其切出。

为了获得切分结果，系统采用在有向图DAG上搜索最佳路径的方法，使用一个评价函数Evaluate（Path），求此评价函数的极大值而获得最佳路径P_{max}。所运用的搜索算法有“动态规划”和“全切分搜索＋叶子评价”两种，使用了词频、词类频度、词类共现频度等统计信息。通过实验，该系统的切分精度可达到99%左右，能够处理未登录词比较密集的文本，切分速度约为30字/s。

3. 复旦分词系统

复旦分词系统由四个模块构成：

(1) 预处理模块。利用特殊的标记将输入的文本分割成较短的汉字串，这些标记包括标点符号、数字、字母等非汉字符，以及文本中常见的一些字体、字号等排版信息。一些特殊的数词短语、时间短语、货币单位等，由于结构相对简单，即由数词和特征字构成，也在本阶段进行处理。为此系统特别增加一次独立的扫描过程来识别这些短语，系统维护一张特征词表，在扫描到特征字以后，即调用这些短语的识别模块，确定这些短语的左、右边界，然后将其完整地切分开。

(2) 歧义识别模块。该模块使用正向最小匹配和逆向最大匹配对文本进行双向扫描。如果两种扫描结果相同，则认为切分正确，否则就判别其为歧义字段，需要进行歧义处理。

(3) 歧义字段处理模块。该模块使用构词规则和词频统计信息来进行排歧。构词规则包括前缀、后缀、重叠词等构词情况，以及成语、量词、单字动词切分优先等规则。在使用构词规则无效的情况下，使用词频信息，系统取词频乘积最大的词串作为最后切分结果。

(4) 未登录词识别模块。该模块用于解决未登录词造成的分词错误。未登录词和歧义字段构成了降低分词准确率的两大因素，而未登录词造成的切分错误比歧义字段更为严重，实际上绝大多数分词错误都是由未登录词造成的。

第 6 节　文本自动处理技术

一、文本自动处理技术概述

文本自动处理技术一般包括文本的自动分类、自动聚类和自动文摘三种技术。这些技术都是为提高信息内容服务的质量而产生的，它们的出现使得信息内容服务出现了新的局面。

计算机出现以后，科学家们开始研究对数据的自动分类问题。传统的分类算法是针对所谓结构化数据的，就是说，数据以关系式数据库的记录形式出现。分类算法的任务就是把数据记录分到不同的既定类别当中。

从计算机的角度看，如果分类的原则是事先通过示例告诉计算机的，那么计算机在示例基础上形成分类机制的过程称为有监督的分类；如果事先没有任何示例，全凭数据记录自身在数学上的相似性来形成分类，那么这种分类过程就称为无监督的分类，又叫聚类。随着分类和聚类研究的日益成熟，它们又被纳入所谓“数据挖掘”的新概念框架之中。

由于大量文本性的信息内容是非结构化的，随着网络时代的信息内容服务，特别是数字图书馆的发展对文本的自动分类也提上日程。

文本和数据库中记录的信息的最大区别是它的非结构化特点，文本是一维的线性字符流。从现代语言学角度看，文本有着立体的递归生成结构，但是要分析清楚这种递归生成结构，需要进行大规模真实文本的深层次自然语言处理，目前这种技术还没有达到应用的程度。文本性信息内容的“非结构化”，主要是指它的表层没有像数据库里面的记录的“扁平的”向量式结构。因此，如果想要利用结构化数据成熟的技术，对文本进行分类和聚类，首先要解决的一个问题就是非结构化数据的结构化。在模式识别领域里，这项工作被称为“特征提取”。在文本性信息内容处理的领域，这项工作被称为文本的向量空间表示。

对于文本的分类和聚类来说，文本的向量空间表示分为两步：

第一步是确定对分类、聚类有实质贡献的词项，也就是说，只有这些词项的出现才会对分类、聚类有所影响，其他词项的出现是完全可以忽略的。

第二步是量化，即对上一步形成的，对分类、聚类有实质性贡献的词项在文档中的出现状况进行量化加权。常见的量化加权模型有前面提到的布尔模型、词频模型等。

也有人试图直接采用基于规则的方法进行分类，但是对于类别超过 100 的大型分类问题，用人工方法进行规则的获取时非常困难。另外，规则往往具有模糊性，需要引入模糊技术。

对给定的文本做出文摘，在网络信息内容服务和数字图书馆业务中处于比较重要的地位，目前，比较成熟的文摘技术一般都是对文本做“减法”，即按照指定的文摘字数要求，除去大多数句子，留下少数被认为具有重要性和概括性的句子。这里就有一个判断什么句子重要、什么句子能概括的问题，一般这个问题是通过某种加权模型来实现的。

二、文本自动分类

在完成文本的向量空间表示框架的前提下，自动分类的问题变成一个有监督的分类学习问题。这一问题的解决分为三个阶段：

1. 数据准备

在数据准备阶段，要动用大量的人力完成人工的分类标注。首先，要使参与标注的人员明了当前的分类体系和分类原则。其次，要为分类标注人员提供一个工作平台，使阅读原文、选择类别标记和修改类别等工作能够尽量方便。从管理上说，需要对标注样本的质量进行有效的控制，不合格的标注样本要返工。从统计上讲，要保证每一类都要有足够数量的正确标注样本。

2. 训练

在训练阶段，要按照一定的算法从已经标注的样本中获取预期的分类机制。通常使用的最简单的方法是质心法，即把被标注为同一类的训练样本的向量空间看做是质量相同的质点，求出它们的质量中心作为这一类的代表向量。当然，也可以把数据离散化后使用机器学习算法得出一个判定树作为预期的分类机制。

3. 运行

在运行阶段，要对输入的未标注文本用在训练阶段获得的分类机制进行分类。对于质心法来说，就是要通过比较查询向量和各类质心向量的距离（或相似度）来确定质心向量与查询向量最接近的一个或几个类。当类数很多时，为避免穷尽式的比较，可以先对质心向量进行一次聚类，有层次地先邻近后外围逐类比较并停止于某个阈值。当类内样本点的分布比较分散的时候，要对类内的所有样本点进行一次聚类，把每个小类的质心作为细化的距离比较基准。对于判定树类型的分类机制，运行阶段要做的事情就是用输入的未标注文本“走”判定树，得出关于其分类的判断。

质心法和判定树法相比，质心法的泛化能力强，对训练样本的覆盖能力稍差；判定树法的泛化能力稍差，对训练样本的覆盖能力强。由于数字图书馆应用主要面向未标注的信息内容，强调泛化能力，因此质心法更能满足这方面应用的要求。

三、文本自动聚类

用过检索系统的人都知道，很多文本在检索中是成“团”出现的。一“团”文本要么都被检索出来，要么都不被检索出来，因此，这一“团”文本在内容检索的意义上是“等价”的。在这个“等价”的意义上，一“团”文本实际上可以相当于一篇文本。在文本自动分类中，也有这种文本成“团”分类的现象。求这些文本“团”的过程，就是文本聚类。从另一个角度看，文本聚类可以看做是无导师的（无监督的）文本分类。

聚类中的“等价”标准，在向量空间表示下，具体化为某种“距离”或“相似性”标准。这个标准尺度不同，聚类结果的“粒度”就不相同。不同粒度下的聚类结果形成一个聚类的“谱系”。

目前已经有许多成熟的聚类算法，如系统聚类法和 K 均值法等。

在检索中使用聚类，可以以合适的信息粒度为单位对资源进行标引和检索。在分类中使用聚类，可以把一个不精确的质心分解成若干个更精确的质心，从而得到更好的泛化和覆盖能力。

四、自动文摘

文摘问题也可以看成是信息粒度的问题，不同的句子对文本主题有不同的贡献。要想粗粒度地表示文本的主题，少量关键句子就可以做到近似的覆盖，这正是目前大多数成熟的自动文摘技术得以成立的基本原理。

自动文摘的关键是做“减法”，也就是说，要从句子中不断剔除一些句子，并保证剔除以后的剩余部分基本上可以覆盖文章的主题。做到这一点的基础是对各个句子覆盖主题的能力进行评价，这就是句子的加权模型。对句子的加权起作用的有如下一些因素：

（1）句子中关键词语出现的分布状况。

（2）句子在文本结构中的位置状况（是否是总标题、小标题，是否在文章开头、结尾，是否在段首、段尾等）。

（3）句子与引导性词语的关联状况（是否被“所以”、“综上所述”、“总而言之”之类的词语所引导）。

同是一篇文章，人们希望能从不同的角度获得不同的文摘。把偏重的角度因素考虑在内的加权模型是自动文摘领域的一个新的做法，这个方向发展下去，就是文摘的“个性化”。数字化图书馆的丰富资源，在无线通信和 Internet 相结合的信息服务新形势下，走个性化文摘的道路是非常重要和必要的。

不依赖“减法”而自主地根据文章的整体语义重新组织句子的自动文摘的技术，目前还没有达到成熟的阶段。比如，要想从出现考 TOEFL、考 GRE、联系学校、办护照、买机票等具体事件的文章中总结出“出国”（这个词语在文章中可能根本就不出现）这个统领全文的大事件来，必须具备一个庞大的事件关联库。事件关联库的建设是一项巨大的基础性工程，需要调动大规模的科研力量才能完成。

把多篇文本放在一起，总结出连贯的主题和内容概括，称为文本综合。文本综合包括逻辑上的综合和时间上的综合。前者在于抽取共性，比如从多个国家领导人的贺电中总结出共同的评价；后者在于总结趋势，比如从不同时间阶段中关于某公司股票行情的多篇报道和评论中总结出该公司股票在该段时间中的总的走势。对于文本综合来说，需要对涉及的文本做更深层次的挖掘，简单地使用“减法”是远远不够的。

第 7 节　网络信息挖掘

网络信息挖掘是数据挖掘技术在网络信息处理中的应用。网络信息挖掘是从大量训练样本的基础上得到数据对象间的内在特征，并以此为依据进行有目的的信息提取。网络信息挖掘技术沿用了 Robot、全文检索等网络信息检索中的优秀成果，同时以知识库技术为基础，综合运用人工智能、模式识别、神经网络领域的各种技术。应用网络信息挖掘技术的智能搜索引擎系统能够获取用户个性化的信息需求，根据目标特征信息在网络上或者信息库中进行有目的的信息搜寻。

网络信息挖掘大致分为 4 个步骤，第一步是资源发现，即检索所需的网络文档；第二步是信息选择和预处理，即从检索到的网络资源中自动挑选和预先处理得到专门的信息；第三步是概括化，即从单个的网络站点以及多个站点之间发现普遍的模式；第四步是分析，即对挖掘出的模式进行确认或解释。根据挖掘的对象不同，网络信息挖掘可以分为网络内容挖掘、网络结构挖掘和网络用法挖掘。

一、网络信息挖掘中的关键技术

1. 目标样本的特征提取

网络信息挖掘系统采用向量空间模型，用特征词条及其权值代表目标信息。在进行信息匹配时，使用这些特征项评价未知文本与目标样本的相关程度。特征词条及其权值的选取称为目标样本的特征提取，特征提取算法的优劣将直接影响到系统的运行效果。词条在不同内容的文档中所呈现出的频率分布是不同的，因此可以根据词条的频率特性进行特征提取和权重评价。

一个有效的特征项集应该既能体现目标内容，也能将目标同其他文档相区分，因此词条权重与词条的文档内频数成正比，与训练文本内出现该词条的文档频数成反比。

与普通的文本文件相比，HTML 文档中有明显的标识符，结构信息更加明显，对象的属性更为丰富。系统在计算特征词条权值时，充分考虑 HTML 文档的特点，对于标题和特征信息较多的文本赋予较高权重。为了提高运行效率，系统对特征向量进行降维处理，仅保留权值较高的词条作为文档的特征项，从而形成维数较低的目标特征向量。

2. 中文分词处理

我们要处理的信息主要是文本信息。为了准确提取文档的主题信息，更好地建立特征模型，就要建立主词库、同义词库、蕴含词库等词典库，并以此提取主题。一个好的专业词典将会极大地提高主题提取的准确性。中文词的切分问题是网络信息挖掘中的一项关键技术。《中国分类主题词表》由于其学科体系的完整性和规范性，无疑非常适合作为词库。对于专业要求较高的数据挖掘以及在实际使用中出现的不符合要求的地方，可在该词表的基础上进行扩充和修改，这里引入了图书馆学中后控的思想，即通过对词表的规范来控制 URL 标引的准确性，就目前来说这种方法的效果无疑是最好的。

3. 获取网络中的动态信息

Robot 是传统搜索引擎的重要组成部分，它依照 HTTP 协议读取网络页面并根据 HTML 文档中的超链接，在 WWW 上进行自动漫游。Robot 也被称为 Spider、Worm 或 Crawler。但 Robot 只能获取网络上的静态页面，而有价值的信息往往存放在网络数据库中，人们无法通过搜索引擎获取这些数据，只能登录专业信息网站，利用网站提供的查询接口提交查询请求，获取并浏览系统生成的动态页面。网络信息挖掘系统则通过网站提供的查询接口对网络数据库中的信息进行遍历，并根据专业知识库对遍历的结果进行自动的分析整理，最后导入本地的信息库。

二、网络信息挖掘技术流程的实现

网络信息挖掘技术实现的总体流程，如图 2—1 所示。其具体步骤如下：

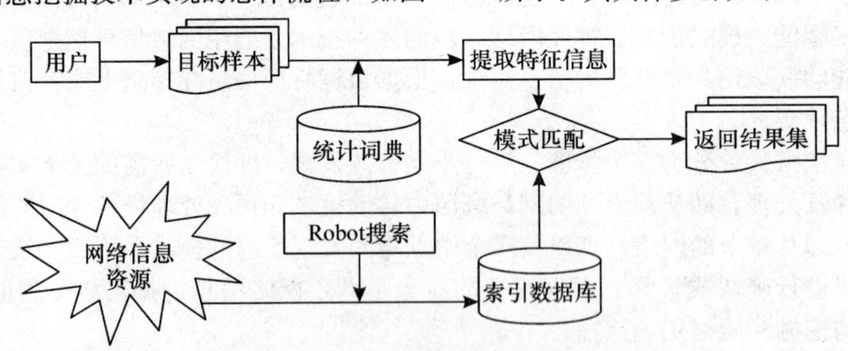

图 2—1　网络信息挖掘基本工作流程图

第一步：确立目标样本，即由用户选择目标文本提取用户的特征信息。

第二步：提取特征信息，即根据目标样本的词频分布，从统计词典中提取出挖掘目标的特征向量并计算出相应的权值。

第三步：网络信息获取，即先利用搜索引擎站点选择待采集站点，再利用 Robot 程序采集静态网络页面，最后获取被访问站点网络数据库中的动态信息，生成 WWW 资源索引库。

第四步：信息特征匹配，即提取索引库中的源信息的特征向量，并与目标样本的特征向量进行匹配，将符合阈值条件的信息返回给用户。

三、网络信息挖掘技术在搜索引擎中的应用

信息搜索研究涉及建立模型、文档分类与归类、用户交互、数据可视化、数据过滤等。功能网络信息挖掘作为信息搜索过程的一部分，最明显的一个功能就是网络文档的分类与归类。

下面以谷歌（Google）为例，剖析网络信息挖掘技术在搜索引擎中的应用。

Google 的搜索机制是：几个分布的 Crawler（自动搜索软件）同时工作——在网上“爬行”，URL 服务器则负责向这些 Crawler 提供 URL 的列表。Crawler 所找到的网页被送到存储服务器中，存储服务器于是就把这些网页压缩后存入一个知识库中。每个网页都有一个关联 ID。

当一个新的 URL 从一个网页中解析出来时，就被分配一个 doc ID。索引库和排序器负责建立索引，索引库从知识库中读取记录，将文档解压并进行解析，每个文档就转换成一组词的出现状况，称为“hits”。“hits”记录了词、词在文档中的位置、字体大小、大小写等信息。索引库把这些“hits”又分成一组“barrels”，产生经过部分排序后的索引。索引库同时分析网页中所有的链接并将重要信息存在 Anchors 文档中。这个文档包含了足够信息，可以用来判断一个链接被链入或链出的结点信息。

URL 分解器阅读 Anchors 文档，并把相对的 URL 转换成绝对的 URLs，并生成 doc ID，它进一步为 Anchor 文本编制索引，并与 Anchor 所指向的 doc ID 建立关联。同时，它还产生由 doc ID 所形成的数据库。这个链接数据库用于计算所有文档的页面等级。

排序器会读取“barrels”，并根据词的 ID 号列表来生成倒排挡。一个名为 Dump Lexicon 的程序则把上面的列表和由索引库产生的一个新的词表结合起来产生另一个新的词表供搜索器使用。这个搜索器就是利用一个 Web 服务器，根据由 Dump Lexicon 所生成的词表和上述倒排挡以及页面等级来回答用户的提问。

从 Google 的体系结构、搜索原理中可以看到，Google 搜索的关键而具有特色的一步是利用 URL 分解器获得 Links 信息，并且运用一定的算法得出了页面等级的信息，这里采用的技术正是网络结构挖掘技术。作为一个新兴的搜索引擎，Google 正是利用这种对 WWW 的连接进行分析和大规模的数据挖掘技术，使其搜索技术略胜一筹。

Google 搜索的最大特色就体现在它所采用的对网页 Links 信息的挖掘技术上。而实际上，网络信息挖掘是目前网络信息检索发展的一个关键。如通过对网页内容的挖掘，可以实现对网页的聚类、分类，实现网络信息的分类浏览与检索；通过对用户所使用的提问式的历史记录的分析，可以有效地进行提问扩展，提高用户的检索效果（检全率、检准率）；另外，运用网络内容挖掘技术改进关键词加权算法，可提高网络信息的标引准确度，从而改善检索效果。

复习思考题

1. 如何评价主题标引和分类标引？
2. 什么是元数据？它的实际应用如何？
3. 谈谈网络信息挖掘应用前景。

第3章 搜索引擎及其使用

某同学想去参加“首都科学讲堂”，由于是第一次参加这个讲座，想了解一些相关的信息，他知道这个讲堂是北京市科协主办的，也知道北京市科协的网址为：http://www.bast.net.cn，以为从那里会找到所需内容，但结果比较失望。于是他用“首都科学讲堂”作为关键词在Google上搜索，得到了很多相关的信息，顺利地参加了第一次讲座。

本章重点知识

- 搜索引擎基本概念
- Google和百度的使用
- 其他一些特色搜索引擎

第1节 搜索引擎概述

搜索引擎（Search Engine）已经成为大家在工作、学习、娱乐中不可或缺的神兵利器。可以说，搜索引擎是现代的计算机技术、互联网技术与传统的索引理论相结合的成功典范。搜索引擎是在互联网普及的大背景下应运而生的，从它出生就带有浓烈的平民色彩，走出了象牙塔、实验室，走进了寻常巷、百姓家。最早搜索引擎应用于门户网站，获得了极大的成功，如今，它已广泛地应用于各行各业，以它为核心引发了所谓的搜索经济，成为大家关注的焦点。

一、搜索引擎的历史

曾有人说搜索引擎的鼻祖就是诞生于19世纪末的黄页电话簿，黄页把有电话的企业分门别类，的确与现在的搜索引擎有异曲同工之妙。不过，这更多的是从这两者的形式和用途做的类比，事易时移，今天我们所谓的搜索引擎，是以计算机、网络、大信息量、自动化为特征的新型检索工具。

现在的搜索引擎其实是在近十年的不断发展中逐步形成的，它建立在互联网和诸多计算机技术之上，所以很难把搜索引擎的缘起与哪个具体的产品对应起来。但是我们知道，在它逐步发展过程中，一些关键的产品成为里程碑。

1993年10月马亭·科斯特（Martijn Koster）创建了Aliweb（Martijn Koster Annouces the Availability of Aliweb），它相当于Archie的HTTP版本。Aliweb不使用网络搜寻

Robot，如果网站主管们希望自己的网页被 Aliweb 收录，需要自己提交每一个网页的简介索引信息，类似于后来大家熟知的 Yahoo。1994 年 1 月，第一个既可以搜索又可以浏览的分类目录 EInet Galaxy（Tradewave Galaxy）上线。除了网站搜索，它还支持 Gopher 和 Telnet 搜索。Lycos 是搜索引擎史上又一个重要的进步。卡耐基·梅隆大学的迈克尔·莫尔丁（Michael Mauldin）将约翰·莱维特（John Leavitt）的 Spider 程序接入到其索引程序中，创建了 Lycos。除了相关性排序外，Lycos 还提供了前缀匹配和字符相近限制，Lycos 第一个在搜索结果中使用了网页自动摘要。1998 年 10 月之前，Google 只是斯坦福大学的一个小项目。1999 年 2 月，Google 完成了从 Alpha 版到 Beta 版的蜕变。Google 在 Page Rank、动态摘要、网页快照、Daily Refresh、多文档格式支持、地图股票词典寻人等集成搜索、多语言支持、用户界面等功能上的革新，像 Altavista 一样，再一次永远改变了搜索引擎的定义。

二、搜索引擎的分类

搜索引擎大致可以分为两大类：全文搜索引擎（Full Text Search Engine）和分类目录（Directory）。

全文搜索引擎通过一个叫网络机器人（或叫网络蜘蛛）的软件，自动分析网络上的各种链接并获取网页信息内容，按规则加以分析整理，记入数据库。Google、百度就是比较典型的全文搜索引擎系统。

分类目录则是通过人工的方式收集整理网站资料形成数据库的，例如：雅虎中国以及国内的搜狐、新浪、网易分类目录。

全文搜索引擎的使用以关键词和一定的语法为特点，而分类目录则通过建立多级目录对网站进行分类，它们在使用上各有长短。全文搜索引擎因为依靠网络机器人搜集数据，所以数据库的容量非常庞大，但是，它的查询结果往往不够准确；分类目录依靠人工收集和整理网站，能够提供更为准确的查询结果，但收集的内容却非常有限。

此外，基于这两类搜索引擎，还衍生了其他的搜索服务，主要有所谓元搜索引擎（Meta Search Engine）和集成搜索引擎（All-in-one Search Engine）等，这里就不一一介绍了。

搜索引擎既然没有明确的定义，一般就以其发展中的一些里程碑式的应用标志其阶段。“第一代搜索引擎”是基于人工分拣的分类目录搜索，以“雅虎”为标志，“第二代搜索引擎”则是依靠机器抓取，并建立在超链接分析技术基础之上的网页搜索，以“Google”为代表，其信息量大、更新及时，但返回信息过多，可能有很多无关信息。而“第三代搜索引擎”则把“智能化”、“人机交互”等功能融入了主流，将自动分类技术、中文内容分析技术及区域识别技术应用到大型搜索引擎中，除了在信息搜索速度、更新频率等基本技术指标方面处于领先地位外，它的网页相关检索、拼音纠错、模糊查询、口音查询技术也具有很高的水准。此外，还同时具备了新闻、MP3、图片、Flash 搜索功能，已经能够提供全面、综合的信息搜索服务。

三、搜索引擎的工作原理

全文搜索引擎并不是真正搜索互联网，它实际上搜索的是预先整理好的网页索引数据库。网络机器人遍历 Web 空间，能够扫描一定 IP 地址范围内的网站，并沿着网络上的链接从一个网页到另一个网页，从一个网站到另一个网站采集网页资料。为保证采集的资料最新，还会回访已抓取过的网页。网络机器人采集的网页，还要经过其他程序进行分析，根据一定的相关度算法进行大量的计算建立网页索引，才能添加到索引数据库中。我们平时看到的全文搜索引擎，实际上只是一个搜索引擎系统的检索界面，当你输入关键词进行查询时，搜索引擎会从庞大的数据库中找到符合关键词的所有相关网页的索引，并按一定的排名规则呈现给我们。不同的搜索引擎，网页索引数据库不同，排名规则也不尽相同，所以，当我们以同一关键词用不同的搜索引擎查询时，搜索结果也就不尽相同。

大型全文搜索引擎的数据库储存了互联网上几亿至几十亿的网页索引，数据量高达几千GB甚至几万GB。但即使最大的搜索引擎建立超过二十亿网页的索引数据库，也只占到互联网上普通网页的30%，不同搜索引擎之间的网页数据重叠率一般在70%以下。我们使用不同搜索引擎的重要原因，就是因为它们能分别搜索到不同的内容。而互联网上有更大量的内容，是搜索引擎无法抓取索引的，也是我们无法用搜索引擎搜索到的。

和全文搜索引擎一样，分类目录的整个工作过程也同样分为收集信息、分析信息和查询信息三部分，只不过分类目录的收集、分析信息两部分主要依靠人工完成。分类目录一般都有专门的编辑人员，负责收集网站的信息。随着收录站点的增多，现在一般都是由站点管理者递交自己的网站信息给分类目录的编辑，然后由编辑人员审核递交的信息，以决定是否收录该站点。如果该站点审核通过，分类目录的编辑人员还需要分析该站点的内容，并将该站点放在相应的类别和目录中，所有这些收录的站点同样被存放在一个“索引数据库”中。用户在查询信息时，可以选择按照关键词搜索，也可按分类目录逐层查找。如以关键词搜索，返回的结果跟全文搜索引擎一样，也是根据信息关联程度排列网站。需要注意的是，分类目录的关键词查询只能在网站的名称、网址、简介等内容中进行，它的查询结果也只是被收录网站首页的URL地址，而不是具体的页面。分类目录就像一个电话号码簿一样，按照各个网站的性质，把其网址分门别类排在一起，大类下面套着小类，一直到各个网站的详细地址，一般还会提供各个网站的内容简介，用户不使用关键词也可进行查询，只要找到相关目录，就完全可以找到相关的网站（注意：是相关的网站，而不是这个网站上某个网页的内容，某一目录中网站的排名一般是按照标题字母的先后顺序或者收录的时间顺序决定的）。

由此可见，分类目录引擎收集信息、分析信息和查询信息的方式非常类似于当前黄页网站分类查询体系，不同的是黄页收集信息的渠道主要来自电信，普通的分类目录引擎一般都是由站点管理者递交自己的网站信息给分类目录，然后由分类目录的编辑人员审核递交的网站，以决定是否收录该站点。

四、搜索引擎的组成

搜索引擎一般由搜索器、索引器、检索器和用户接口四个部分组成。

（1）搜索器：其功能是在互联网中漫游、发现和搜集信息。

（2）索引器：其功能是理解搜索器所搜索到的信息，从中抽取出索引项，用于表示文档以及生成文档库的索引表。

（3）检索器：其功能是根据用户的查询在索引库中快速检索文档，进行相关度评价，对将要输出的结果排序，并能按用户的查询需求合理反馈信息。

（4）用户接口：其作用是接纳用户查询，显示查询结果，提供个性化查询项。

五、搜索引擎的性能指标

我们可以将 Web 信息的搜索看作一个信息检索的问题，即在由 Web 网页组成的文档库中检索出与用户查询相关的文档，所以可以用衡量传统信息检索系统的性能参数——召回率（Recall）和精度（Precision）来衡量一个搜索引擎的性能。

召回率是检索出的相关文档数和相关文档库中所有的相关文档数的比，衡量的是检索系统（搜索引擎）的检全率精度。对于一个检索系统来讲，召回率和精度是成反比的：召回率高时，精度低；精度高时，召回率低。一般采用 11 种召回率下 11 种精度的平均值（即 11 点平均精度）来衡量一个检索系统的精度。

影响一个搜索引擎系统的性能有很多因素，其中最主要的是信息检索模型，包括文档和查询的表示方法、评价文档和用户查询相关性的匹配策略、查询结果的排序方法和用户进行相关度反馈的机制。

六、搜索引擎面临的挑战

Web 商业化至今，搜索引擎一直是网络上被使用较多的服务项目，然而，随着网上内容的爆炸式增长和内容形式花样的不断翻新，搜索引擎越来越不能满足网民们日益提高的各种信息需求。这主要表现在以下几个方面：

1. 网络信息量迅猛增加

现在的 Internet 网络为实现多种交互和交易提供了电子通信平台，企业需要处理比以往更多的信息，而传统处理方式已经不能承受如此重负，导致决策缓慢，效率低下。对普通用户而言，简单的关键词搜索所返回的信息数量之大，往往让用户无法承受。

2. 网络信息的无序化

Internet 用户面对的是非常多的、随机的、未良好组织的信息，从如此庞杂的信息海洋中获取对用户最有用的信息，是搜索引擎面临的一项挑战，而信息的有序化组织也是搜索引擎高效工作的前提。

3. 信息的有用性评价困难

一些站点在网页中大量重复某些关键词而容易被搜索引擎选中，以期望借此提高站点的地位，但事实上该网页可能没有提供任何对用户有价值的信息。搜索引擎需要辨识种种假象，通过采取各种搜索策略，真正挑出有用的信息。

4. 网络信息日新月异的变化

人们总是期望挑出最新的信息，然而网络信息时刻变动，实时搜索几乎不可能实现。即使刚刚浏览过的网页，也随时有更新、过期、删除的可能。信息庞杂和剧烈变化使搜索引擎的速度和效率都面临巨大的考验。

5. 带宽等其他因素

搜索引擎面临的关键问题之一就是如何将网络信息收集、整理，也就是如何将网络信息有序化。为此，搜索引擎需要定期不断地访问网络资源。然而遍历如此庞杂的网络本身是一件非常困难的事，原因之一是目前网络带宽不足，网络速度不够理想，使得搜索引擎索引网络资源的速度较慢。

七、搜索引擎的未来发展

搜索引擎的发展历史是一个挖掘用户需求，然后满足用户需求的过程。在可以预见的将来，从产品角度看待网页搜索引擎的发展趋势大致有如下几个方面：

1. 破解用户之意，信息抽取，优化排序

用户在搜索中用到“最新”、“免费”、“官方网站”、“北京”、“电话”等关键词的时候并不是一定需要网页中有这个关键词，而是想找到这类信息。

比如，用户在以“最新”检索的时候实际上是希望获取其他词汇的最新相关内容，而不一定是含有“最新”这个词汇的网页，所以在排序的时候将最新的网页排列在靠前位置更能满足用户的需求。

2. 基于视觉网页块分析

这项技术对于优化网页的排序、提高自动摘要的质量很有帮助，可以大幅提高网页搜索的相关性。

3. 网页库内容分类

假设用户在搜索“申花”时，他有可能需求的信息包括：与足球相关、申花电器和其他。但是如果用户搜索“申花”出来的结果全部是足球相关信息，那么这显然不能满足不同用户的需求。作为一个入口而言，如果将不同类型（行业不同、知识类型不同）的信息都排列在首页，那么就满足了多样性的需求。这也可为将来的个性化搜索做准备。

4. 潜在相关性

搜索“恐怖”时，出现本·拉登的新闻，即使文章里面没有“恐怖”这个关键词；搜索“西红柿”时出现“番茄”，即使网页中没有“西红柿”这个关键词，这就是潜在相关性技术。

5. 网页结构化信息抽取类技术

结构化信息抽取类技术是未来应用前景最好的一种技术，它可以自动地抽取任意网页上的结构化数据，也可以使用垂直搜索引擎对网页数据进行采集、抽取、深度加工后为用户提供更好的、更专业的服务。

结构化信息抽取可以识别网页中文本之间的相关度，可用于改善多词汇检索的关联度，改善链接的相关性，改善文件和文本的相关性等。

地图搜索、黄页搜索、MP3 搜索、图片搜索、BBS 搜索等各种搜索都离不开网页结构化信息抽取。

6. 自然语言处理，简单的语意语法分析

搜索引擎可以根据内容来进行简易的语法分析，将结果呈现在用户面前。比如 Google 的“DEFINE：”就用到了这种方法。同义词的识别等都可以用这种简单的语法分析来解决，还可以对具有某类语法的形式的正文进行关键词调权，改善检索效果。

7. 重复识别

互联网的数据冗余非常严重，一篇文章可能会被转载数万次，因而要识别重复的网站、网页、正文、段落，同时对重复的信息进行调权，使信息获得更高的权值。但是对新闻类的内容进行识别，要一定时间内加权，一定时间后降权。

8. 行业优化

搜索引擎的行业化是不可避免的，唯一影响搜索引擎行业化的门槛是技术还存在一定的难度。

在网页搜索引擎行业化方面，百度显得卓有远见。建立的“百度知道”不仅仅可以丰富内容、语料库，而且可以拴住用户甚至盈利。

9. 相关搜索

相关搜索的主要功能有两个：一是提示其他用户搜索的词汇（帮助不太会选择关键词的用户选择关键词，实现用户之间的交互）；二是推荐提供效果更好的更相关的搜索词汇。目前，相关搜索的第一个功能已基本实现了，第二个功能还在进一步完善中。

10. 采集更多的数据

互联网上的数据只是整个世界数据的很少的一部分，通过某种低成本、高效的数据采集方式采集线下的数据、人脑中的数据是搜索引擎公司发展的趋势之一。

11. 跟踪互联网变化，进行细节上的优化

搜索引擎是和互联网各网站、用户密切相关的一个应用，其数据的全面性和数据源、采集系统密切相关。

针对网页的结构和内容变化、用户的需求变化，搜索引擎需要不断地完善。对各种细节的完善都是搜索引擎的难点，也是必须走的道路，搜索引擎的发展就是关注细节，一点点进步。

八、常用搜索引擎简介

1. 英文搜索引擎

（1）Google。

Google（http：//www. google. com）以搜索精度高、速度快成为最受欢迎的搜索引擎，是目前搜索界的领军者。

（2）alltheweb。

Fast 公司创立于 1997 年，是挪威科技大学（NTNU）学术研究的副产品。1999 年 5 月，Fast 发布了自己的搜索引擎 alltheweb（http：//www. Alltheweb. com）。2003 年 2 月 25 日，Fast 的互联网搜索部门被著名竞价排名服务商 Overture 收购，2003 年 7 月，Overture 又被 Yahoo 收归旗下。

（3）AltaVista。

AltaVista（http：//www. altavista. com）目前仍被认为是最好的搜索引擎之一。AltaVista 最突出的优势是它的速度，而 AltaVista 的另一些新功能，则永远改变了搜索引擎的定义。AltaVista. com 站点可以提供综合的搜索结果，使用户能找到相关的网页、多媒体文件及最新新闻。

（4）AolSearch。

AolSearch（http：//www. aol. com）提供类目检索、网站检索、白页（人名）查询、黄页查询、工作查询等多种功能。目录分类细致，网站收录丰富，搜索结果有网站提要，按照精确度排序，方便用户得到所需结果。

（5）Yahoo。

Yahoo（http：//www. yahoo. com）是最早的目录索引之一，也是目前最重要的搜索服务网站之一，是最为人们熟悉及最有价值的互联网品牌之一。Yahoo 属于目录索引类搜索引擎，可以通过两种方式在上面查找信息，一是通常的关键词搜索，二是按分类目录逐层查找。以关键词搜索时，网站排列基于分类目录及网站信息与关键字串的相关程度，包含关键词的目录及该目录下的匹配网站排在最前面。以目录检索时，网站排列则按字母顺序。Yahoo 于 2004 年 2 月推出了自己的全文搜索引擎，并将默认搜索设置为网页搜索。

（6）ODP。

Open Directory Project（ODP）（http：//www. dmoz. com）是仅次于 Yahoo 的人工操作目录索引类搜索引擎。与 Yahoo 不同的是，ODP 的编辑人员均为志愿者，而非雇员，目前其志愿编辑人数已达数万。ODP 除独立提供搜索服务外，还为 AOL Search、Netscape Search、Google、Lycos、HotBot 等在内的许多门户网站和搜索引擎提供目录搜索服务。

（7）Ask Jeeves。

Ask Jeeves（http：//www. ask. com）是人工操作目录索引，规模不大，但很有特点。与其他关键词搜索引擎不同，Ask Jeeves 被设计成回答用户提问的自然语言引擎。搜索时，它首先给出的是数据库中可能存在的答案，然后才是网站链接。

2. 中文搜索引擎

（1）百度。

百度（http：//www. baidu. com）是全球最大的中文搜索引擎。百度以全球独有的“超链接分析”技术、亚秒级的迅捷速度、庞大的服务器群，接受来自全球各个国家的中文搜索请求。每年通过对数百亿次搜索的响应，使数亿万网民从百度分享到最纯粹的搜索体验。

（2）中国搜索。

中国搜索（http：//www. zhongsou. com）自 2002 年正式进入中文搜索引擎市场以来，取得了一系列令人瞩目的成就，为新浪、搜狐、网易、TOM 等知名门户网站，以及中国搜索联盟上千家各地区、各行业的优秀中文网站提供搜索引擎技术。目前，每天有数千万次的中文搜索请求是通过中国搜索实现的，被公认为第三代智能中文搜索引擎。

（3）天网搜索。

天网搜索（http：//e. pku. edu. cn）是国家“九五”重点科技攻关项目“中文编码和分布式中英文信息发现”的研究成果，由北大计算机系网络与分布式系统研究室开发，于 1997 年 10 月 29 日正式在 CERNET 上提供服务。2000 年初，成立天网搜索引擎新课题组，由国家 973 重点基础研究发展规划项目基金资助开发，有强大的 FTP 搜索功能。

第 2 节　搜索技术基础

通过互联网获取信息，为避免在浩瀚的信息海洋中迷失方向，掌握一些基本的网上搜索技巧是必需的。

一、基本的搜索技巧

1. 简单信息查找

简单查找是最常用的方法，当输入一个关键词时，搜索引擎就把包括关键词的网址和与关键词意义相近的网址一起反馈回来。例如：查找“科技”一词时，模糊查找就会把“科学”、“科委”、“技术”等内容的网址一起反馈回来。选择搜索关键词的原则是，首先确定目标，即确定查找的内容是资料性的文档还是某种产品或服务。然后再分析这些信息的共性，以及区别于其他信息的特性。最后从这些方向性的概念中提炼出此类信息最具代表性的关键词。如果这一步做好了，往往就能迅速地得到查找结果，而且多数时候根本不需要用到其他更复杂的搜索技巧。

2. 使用双引号进行精确查找

简单查找往往会反馈出大量不需要的信息，如果查找的是一个词组或多个汉字，最好的办法就是将它们用双引号括起来（即在英文输入状态下的双引号），这样得到的结果最少、最精确。例如，在搜索引擎的查询框中输入“search engine”，就等于告诉搜索引擎只反馈回网页中有“search engine”这几个关键字的网址，这会比输入 search engine 得到更少、更好的结果。如果按上述方法查不到任何结果，可以去掉双引号再试试。

3. 使用加减号限定查找

很多搜索引擎都支持在搜索词前冠以加号“＋”限定搜索结果中必须包含的词汇，用减号“－”限定搜索结果不能包含的词汇。例如，要查找的内容必须同时包括“南京、信息、网络”三个关键词时，就可用“南京＋信息＋网络”来表示；而要查找“电脑”，但必须没有“技术”字样时，就可以用“电脑－技术”来表示。注意，“－”号应在英文状态下输入，使用时“－”前应有一个空格。

4. 有针对性地选择搜索引擎

用不同的搜索引擎进行查询得到的结果常常有很大的差异，这是因为它们的设计目的存在着许多不同，有的专用于 Usenet 的搜索，而有的则是针对邮递列表或 IRC 等的搜索，使用时要根据需要选择合适的搜索引擎。

5. 细化查询

许多搜索引擎都提供了对搜索结果进行细化与再查询的功能，如有的搜索引擎在结果中有“查询类似网页”的按钮，还有一些则可以对得到的结果进行新一轮的查询。

6. 根据要求选择查询方法

如果需要快速找到一些相关性比较大的信息，可以使用目录式搜索引擎的查找功能，如 Yahoo。如果想得到某一方面比较系统的资源信息，可以使用目录一级一级地进行查找。如果要找的信息比较冷门，应该用比较大的全文搜索引擎查找，如 Google。

7. 注意细节

在 Internet 上进行查询时如果能注意一些细节问题，常常能增加搜索结果的准确性，如许多搜索引擎都区分字母的大小写，因此，在以人名或地名等作为关键词时，应该正确使用字母的大小写。

8. 利用选项界定查询

目前越来越多的搜索引擎开始提供更多的查询选项，利用这些选项人们可以轻松地构造比较复杂的搜索模式，进行更为精确的查询，并且能更好地控制查询结果的显示。

9. 尽可能将搜索范围限制在特定的领域里

比如在 Yahoo 中文里，要查找与电脑相关的知识，就没有必要让搜索引擎在休闲与运动、健康与医药、艺术与人文等其他分类中查找。可以进入“电脑与互联网”这一类，选中“检索此目录下的网站”，然后再开始搜索。

10. 使用更特定的词汇

例如：不用“服装”，而用“西服”；不用“flower”，而用“rose”。但要尽可能注意删去一些同义词或近义词。

二、快速搜索技巧

网上的信息搜索技术越来越多，有几种技术可以帮助用户更加快捷地找到所需网页，但没有一种技术是万能的，如果将几种技术巧妙地结合起来使用会大大加快网页搜索进程。

1. 搜索词组

如果只给出一个单词进行搜索，会出现数以百万计的匹配网页，如果再加上一个单词，那么搜索结果会更加切题。在搜索时，给出两个关键词，并将两个词用“AND”结合起来，或者在每个词前面加上“+”，便可以大大地缩小搜索范围，从而加快搜索速度。目前，所有主要的搜索引擎都使用同样的语法。另外，一个带引号的词组意味着只有完全匹配该词组（包括空格）的网页才是要搜索的网页，把这几种符号结合起来使用，能大大提高搜索效率。

2. 选择词组

一般说来，在网页搜索引擎中，用词组搜索来缩小范围从而找到搜索结果是最好的办法。但是，运用词组搜索需要如何使用一个词组来表达某一具体问题。有时简单地输入一个问题作为词组就能奏效，然而简单明了地提问方法只对一部分搜索奏效。

3. 查找信息源

当词组搜索太精确或者一个词组无法准确表达所需信息时，可以直接到信息源查找，即根本不用搜索引擎，而直接到提供某种信息的组织站点去。这是一种简单而有效的方法。很多时候我们可以用公式“www. 公司名. com”去猜测某一组织的站点，从而得到所要搜索信息的主要词组。

搜索引擎是一个非常好的搜索工具，掌握其使用技巧后，你会发现互联网远比想象中的精彩，并能自由自在地翱翔于其中。

第3节　搜索引擎Google的使用

“工欲善其事，必先利其器。”Internet只有一个，而搜索引擎有许多个。对于普通人而言，掌握诸多搜索引擎的可能性不大，他们更希望能用一两个相对具有代表性的工具来达到绝大多数搜索目的。就目前而言，Google便能满足这些要求。

一、Google简介

1989年9月Google创始人拉里·佩奇（Larry Page）和谢尔盖·布林（Sergey Brin）在斯坦福大学的学生宿舍内共同开发了全新的在线搜索引擎，然后迅速传播给全球的信息搜索者。Google目前被公认为是全球规模最大的搜索引擎，它提供了简单易用的免费服务，用户可以在瞬间得到相关的搜索结果。

当访问www. google. com或众多Google域之一时，可以使用多种语言查找信息，查看股价、浏览地图和要闻，搜索数十亿计的图片并详读全球最大的Usenet信息存档——超过十亿条帖子，发布日期可以追溯到1981年。

用户不必特意访问Google主页，使用Google工具栏，也可以访问所有这些信息，或进行搜索，而Google桌面栏将Google搜索框放在Windows任务栏中，这样可以从任何正在使用的应用程序中执行搜索，而不必打开浏览器。即使身边没有计算机时，也可以通过WAP和I-mode手机等无线平台使用Google。

Google的实用性及便利性赢得了众多用户的青睐，它几乎完全是在用户的交口称颂下成为全球最知名的品牌之一的。作为一个企业，Google通过提供广告服务来获取收入，使广告客户能够刊登与特定网页内容相关、重要而又经济实效的在线广告。这不仅为用户提供了实用的广告信息，同时也给刊登广告的客户带来了好处。

Google是全球最大的搜索引擎，借助和America Online、Netscape和其他公司的合作伙伴关系，它所回应的查询远远多于其他在线服务商。

Google 可搜索的文件类型有：

- 超文本标记语言（html）；
- Adobe 可移植文档格式（pdf）；
- Adobe PostScript（ps）；
- Lotus 1-2-3（wk1、wk2、wk3、wk4、wk5、wki、wks、wku）；
- Lotus WordPro（lwp）；
- MacWrite（mw）；
- Microsoft Excel（xls）；
- Microsoft PowerPoint（ppt）；
- Microsoft Word（doc）；
- Microsoft Works（wks、wps、wdb）；
- Microsoft Write（wri）；
- Rich Text Format（rtf）；
- Shockwave Flash（swf）；
- 纯文本（ans、txt）；
- Usenet 信息。

第一次登录 Google 网站，它会根据操作系统确定语言界面。Google 的中文首页（见图 3—1）很清爽，左上角排列了六大功能模块：网页、图片、地图、资讯、视频和博客搜索，默认的是网页搜索。

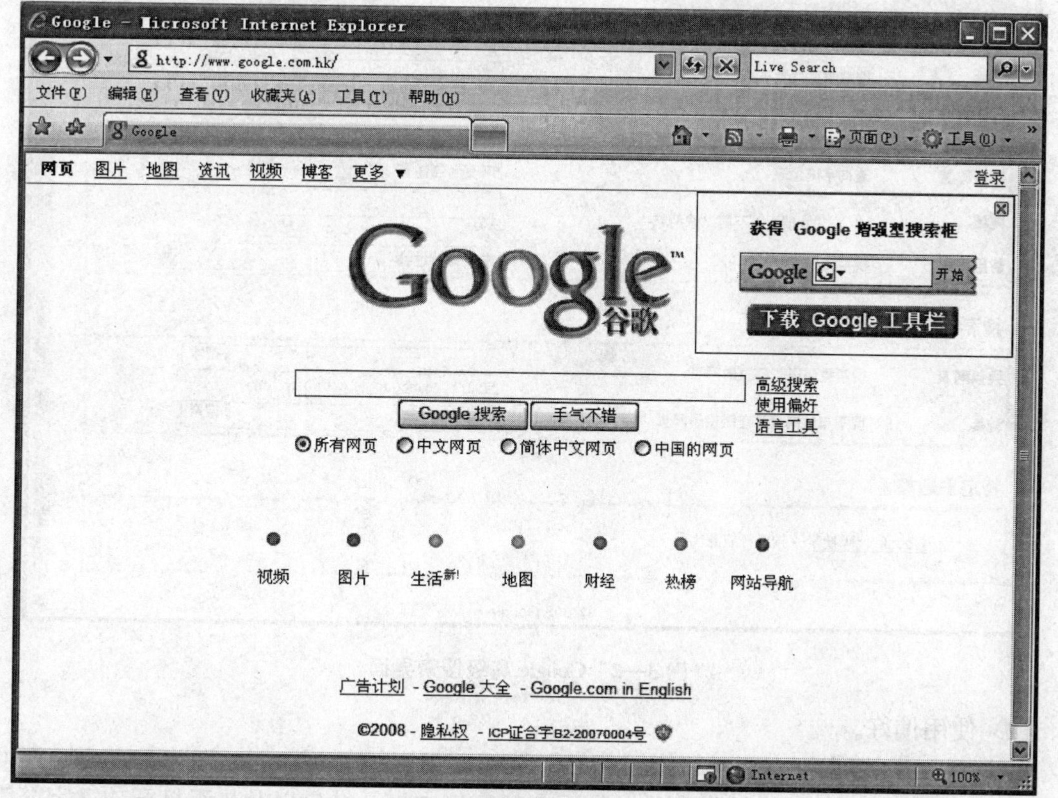

图 3—1　Google 中文首页

二、Google 的使用方法

1. 首页介绍

（1）Google 搜索。

Google 搜索简洁方便，输入搜索内容然后回车或单击“Google 搜索”按钮即可以得到相关资料。Google 会先列出与搜索关键词相关度高的网页。

（2）手气不错。

在 Google 首页上提供了“手气不错”按钮。输入搜索内容后，如果按下“手气不错”按钮，浏览器将自动进入 Google 查到的第一个网页。用“手气不错”进行搜索时，用于搜索网页的时间较少，而用于检查网页的时间较多。例如，在搜索栏中输入“二外”进行搜索后，Google 将直接进入北京第二外国语学院的官方主页（www. bisu. edu. cn）。

（3）高级搜索。

单击 Google 首页搜索框右边的“高级搜索”按钮，就进入了 Google 高级搜索界面，如图 3—2 所示。在 Google 高级搜索界面，可以根据 Google 提示进行搜索。

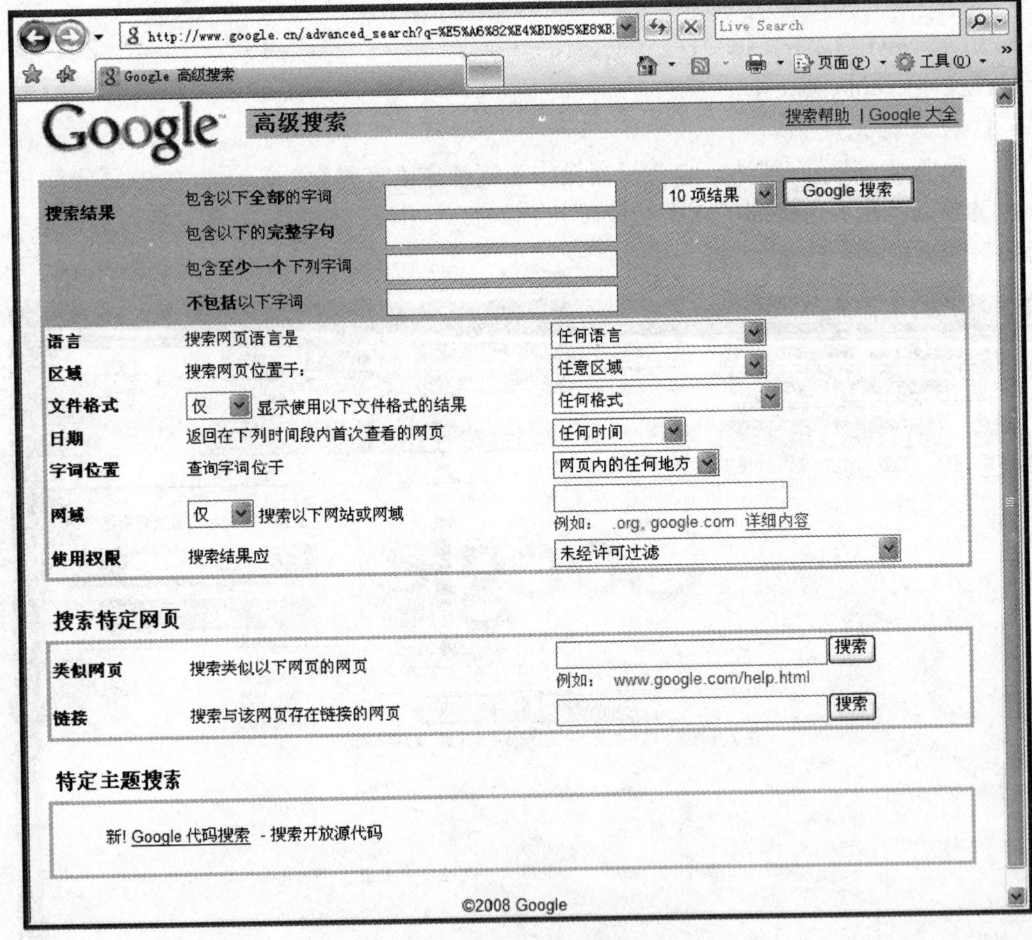

图 3—2 Google 高级搜索界面

（4）使用偏好。

单击 Google 搜索框右边的“使用偏好”按钮，可以设置 Google 的界面语言、查询语言、单个网页上默认的搜索结果数量、是否在新窗口中打开结果以及是否打开“汉字繁简体转换”。设置好这个页面，以后使用 Google 搜索的结果就按照此设置显示。在设置完使用偏好后要保存，否则设置不会生效。

(5) 语言工具。

Google 运用网站的标准语言首选项机制（即多语言超文本发送的标准），自动确定其显示语言。Google 收录了全球一百多种语言的网页。Google 能自动辨别用户浏览器默认语言设置，并给出相应语言版本的搜索界面。如果浏览器默认语言是简体中文，在第一次访问的时候，Google 会自动显示简体中文的搜索界面。

2. 基本搜索

(1) 搜索结果要求包含两个及两个以上关键词。

一般搜索引擎需要在多个关键词之间加上“＋”，而 Google 无须用“＋”来表示逻辑“与”操作，只要输入空格就可以了。

例如：搜索所有包含关键词“网络安全”和“特洛伊木马”的中文网页。

搜索命令：“网络安全 特洛伊木马”。

结果：简体中文网页中，有 316 000 项符合“网络安全　特洛伊木马”的查询结果，以下是第 1～10 项（搜索用时 0.22 秒）。

(2) 搜索结果要求不包含某些特定信息。

Google 用减号“－”表示逻辑“非”操作。“A－B”表示搜索包含 A 但没有 B 的网页，“－”号前加一个空格符。

例如：搜索所有包含关键词“网络安全”而不含“特洛伊木马”的中文网页。

搜索命令：“网络安全－特洛伊木马”。

结果：简体中文网页中，有 13 100 000 项符合“网络安全-特洛伊木马”的查询结果，以下是第 1～10 项（搜索用时 0.05 秒）。

(3) 搜索结果至少包含多个关键词中的任意一个。

Google 用大写的“OR”表示逻辑“或”操作。搜索“A OR B”表示搜索的同页中，要么有 A，要么有 B，要么同时有 A 和 B。

例如：搜索所有包含关键词“特洛伊木马”或“DDOS 攻击”或两者均有的中文网页。

搜索命令：“特洛伊木马 OR DDOS 攻击”。

结果：简体中文网页中，有 4 140 000 项符合“特洛伊木马 OR DDOS 攻击”的查询结果，以下是第 1～10 项（搜索用时 0.48 秒）。

搜索引擎最基本的语法“与”、“或”和“非”，在 Google 中分别用“(空格)”、“OR”和“－”表示。根据上面的示例，便可以缩小搜索范围，迅速找到目的信息。

3. 辅助搜索

(1) 通配符问题。

很多搜索引擎都支持通配符号，如“*”代表一连串字符，“?”代表单个字符等。Google 不支持通配符，只能做精确查询，关键词中的“*”或者“?”会被忽略掉。

(2) 关键词的字母大小写。

Google 对英文字符大小写不敏感，例如：搜索“google”、“GOOGLE”或“Google”，得到的结果都一样。

(3) 搜索整个短语或者句子。

Google 的关键词可以是单词（中间没有空格），也可以是短语或句子（中间有空格）。

但是用短语或句子做关键词，必须加英文引号，否则空格会被当作“与”操作符。

例如：搜索包含“Search Engine Optimization”字符串的中文网页。

搜索命令：“Search Engine Optimization”。

结果：简体中文网页中，有 644 000 项符合“Search Engine Optimization”的查询结果，以下是第 1～10 项（搜索用时 0.25 秒）。

(4) 搜索引擎忽略的字符以及强制搜索。

Google 会忽略最常用的词和字符，这些词和字符称为忽略词。Google 自动忽略“http”、“.com”和“的”等字符以及数字和单字。这类词和字符不仅无助于缩小查询范围，而且会太大降低搜索速度。

例如：搜索包含“www 资源”和“互联网”的中文网页。

搜索命令：“www 资源 互联网”。

结果：简体中文网页中，有 24 900 000 项符合“www 资源 互联网”的查询结果，以下是第 1～10 项（搜索用时 0.25 秒）。

如果要对忽略的关键词进行强制搜索，则需要在该关键词前加上“+”号；另一个强制搜索的方法是把上述的关键词用英文双引号引起来。例如：在“world war I”中“I”其实也是忽略词，但因为被英文双引号引起来，搜索引擎就强制搜索这一特定短语。

4. 进阶搜索

(1) 对搜索的网站进行限制。

用“site”将搜索范围局限于某个具体网站或者网站频道，如“www.sina.com.cn”、“edu.sina.com.cn”；或者是某个域名，如“com.cn”、“com”等。如果是要排除某网站或者域名范围内的页面，只需用“-网站/域名”即可。

例如：搜索中文教育科研网站（edu.cn）上关于特洛伊木马的页面。

搜索命令：“特洛伊木马 site：edu.cn”。

结果：edu.cn 的简体中文网页中，共有 4 330 项符合“特洛伊木马”的查询结果，以下是第 1～10 项（搜索用时 0.23 秒）。

注意：“site”后的冒号为英文字符，而且冒号后不能有空格，否则“site:”将被作为一个搜索的关键词。此外，网站域名不能有“http：//”前缀，也不能有任何“/”的目录后缀。

(2) 在某一类文件中查找信息（有相同的扩展名）。

“file type:”是 Google 开发的非常强大实用的一个搜索语法，它能对某些二进制文档进行搜索。目前，Google 已经能搜索微软的 Office 文档（.xls、.ppt、.doc）、PDF 文档、SWF 文档以及 jpg 文件等。其中最实用的文档搜索是 PDF 搜索。PDF 是 Adobe 公司开发的电子文档格式，现在已经成为互联网的电子化出版标准。目前 Google 搜索的 PDF 文档大约有 2 500 万，大约占所有索引的二进制文档数量的 80%。PDF 文档通常是一些图文并茂的综合性文档，提供的资讯一般比较全面集中。

例如：搜索关于特洛伊木马的 PDF 文档。

搜索命令：“特洛伊木马 file type：pdf”。

结果：简体中文网页中，有 1 640 项符合“特洛伊木马”file type：pdf 的查询结果，以下是第 1～10 项（搜索用时 0.24 秒）。

(3) 搜索的关键词包含在 URL 链接中。

“inurl”语法返回的网页链接中包含第一个关键词，后面的关键词则出现在链接中或者网页文档中。有很多网站把某一类具有相同属性的资源名称显示在目录名称或者网页名称中，比如“MP3”、“GALLARY”等，于是，就可以用“inurl”语法找到这些相关资源链接，然后，用第二个关键词确定是否有某项具体资料。“inurl”语法和基本搜索语法的最大区别在于，它通常能提供非常精确的专题资料。

例如：搜索关于Windows 2000 server安全方面的课题资料。

搜索命令：“Windows 2000 server” inurl：security。

结果：简体中文网页中，有1 980项符合“Windows 2000 server” inurl：security的查询结果，以下是第1～10项（搜索用时0.23秒）。

注意：“inurl:”后面不能有空格，Google也不对URL符号如“/”进行搜索。例如，Google会把“cgi-bin/phf”中的“/”当成空格处理。

（4）搜索的关键词包含在网页标题中。

“intitle”和“allintltie”的用法类似于上面的“inurl”和“allinurl”，只是后者对URL进行查询，而前者对网页的标题栏进行查询。

5. 其他语法

（1）搜索所有链接到某个URL地址的网页。

如果你拥有一个个人网站，那么你一定很想知道有多少人对你的网站做了链接，而“link”语法就能让你迅速达到这个目的。

例如：搜索所有含指向北京第二外国语学院主页“www. bisu. edu. cn”链接的网页。

搜索命令：“link：www. bisu. edu. cn”。

结果：有1 460项链接到www. bisu. edu. cn的查询结果，以下是第1～10项（搜索用时0.34秒）。

注意：“link”不能与其他语法混合操作，所以“link:”后面即使有空格，也将被Google忽略。

（2）从Google服务器上缓存页面中查询信息。

“Cache”用来搜索Google服务器上的缓存，通常用于查找某些已经被删除的死链接网页，相当于使用普通搜索结果页面中的“网页快照”功能。

除了以上介绍的语法外，Google还有其他的一些不常用的语法，如“info”等，有兴趣的读者可以参阅“Google大全”。

6. 图片搜索

目前，Google可以检索几十亿张图片，并称自己为“互联网上最好用的图片搜索工具”。在Google首页上单击“图片”按钮就可进入Google的图片搜索界面。在关键词栏内输入描述图片内容的关键词，如“Beckham”，就会搜索到大量相关的图片。虽然我们目前对图片的排列标准不十分清楚，不过以观察来看，似乎图片文件名完全符合关键字的结果排列比较靠前，然后才按照普通的页面搜索时的标准排列。

在2001年，Google获得了《搜索引擎观察》杂志关于搜索引擎的五项大奖，其中就包括最佳图片搜索奖（另外的奖项是最佳搜索引擎大奖、最佳设计奖、对网站管理人员最友好奖和最佳搜索特性奖）。在文本搜索领域，Google的领先地位毋庸置疑，屡屡获奖，在图片搜索引擎方面，Google同样是实至名归。

Google给出的搜索结果具有一个直观的缩略图，以及对该缩略图的简单描述，如图片文件名称、大小等。单击缩略图，页面分成上下两帧，上帧是图像缩略图以及页面链接，而下帧是该图片所处的页面。

7. 目录搜索

如果不想搜索广泛的网页，而是想寻找某些专题网站，可以访问 Google 的分类目录“http：//directory. google. com”，中文目录是“http：//www. google. com/Top/World/Chinese _ Simplified/”。

目前 Google 使用的分类目录采用了 ODP（Open Directory Project）的内容，ODP 是网景公司所主持的一项大型公共网页目录。由全世界各地的义务编辑人员来审核挑选网页，并依照网页的性质及内容分门别类，因而在某一目录门类中进行搜索往往能有更高的命中率。另外，Google Directory 依据的是网上最大的人工编辑网络目录 DMOZ，再结合 Google 的“网页级”（Pager Ank）技术，使网页根据重要性来排序，并通过网页列表前的绿色横线长度来标明网页的重要程度，可以让一般的检索具有更高的效率。

8. 新闻组（Usenet）搜索

新闻组有详尽的分类主题，某些主题还有专人管理和编辑，具有大量的有价值信息。由于新闻组包含海量的信息，因此需要利用工具进行检索。DEJA 一直是新闻组搜索引擎中的佼佼者。2001 年 2 月，Google 将 DEJA 收购并提供了所有 DEJA 的功能。现在，除了搜索之外，Google 还支持新闻组的 Web 方式浏览和张贴功能。

Google 新闻组“http：//groups. google. com”提供了两种信息查找方式，一种是一层层地单击进入特定主题讨论组，另一种则是直接搜索。

因为新闻组中的帖子实在太多，而且又涉及一些普通搜索所没有的语法，所以建议使用“高级群组搜寻”进入高级搜索界面。新闻组高级搜索支持从留言内容、分类主题、标题、留言者、留言代码、语言和发布日期作为条件进行搜索。其中，“作者项”指作者发帖所用的唯一识别的电子信箱。

9. 新闻搜索

Google 的新闻搜索英文版首页（见图 3—3）按头条新闻、各国新闻以及不同领域进行分类。可以通过 Google 搜索各大门户和新闻网站的新闻，简单、快捷、方便。

Google 新闻保留了 30 天内所发生的较有价值的报道和头条新闻，用户可使用其新闻搜索系统查找当前事件的新闻。新闻报道依照发布日期、相关报道数量和新闻来源的受欢迎程度进行排序。

10. 其他功能

（1）单词英文解释。

进入 Google 英文版，输入要查的单词，例如：查“suggest”的用法。结果为：“Results 1-10 of about 282 000 000 for suggest [definition]. (0. 16 seconds)”。该句子中，单词“suggest”后出现了一个 [definition]，单击这个链接，就跳转到另外一个网站 http：//www. answers. com，Google 已经把单词提交给该网站查询，然后，可以参考这个网站所提供的详尽解释。

（2）中英文字典。

Google 给中英文单词互译带来了极大的方便。只需输入一个关键词（“翻译”、“fy”和“FY”任选其一）和要查的中（英）文单词，Google 使返回网上字典链接让你获得要查的词的英文（或中文）翻译。如果是中译英，Google 还会直接显示你要查的单词的英文释义。例如：要查找 apple（或苹果）的中（英）文翻译，只需在搜索栏中输入“fy apple”或者

图 3—3　Google 新闻搜索英文版首页

“翻译 苹果”并搜索即可。

（3）网页翻译。

进入英文 Google，试着进行以下搜索：“big bang” site：fr。它表示查找关于宇宙大爆炸的法文网页，会得出法文的搜索结果，不懂法文的用户可以单击“Translate this page”按钮，网页就会变成英文的。机器翻译是一个很前沿的人工智能课题，翻译出来的结果不可能与专门用英语撰写的内容相比，但西文间的互相转译比中英文机译强得多，至少翻译结果容易理解得多。

Google 在其自动翻译服务的对象语言中增加了日语、汉语和韩语。日英、英日、中英、英中、韩英、英韩的翻译引擎（β 版）于 2004 年 11 月 19 日开始投入使用。用户检索时，会与通常的检索结果一起显示出翻译页面的超链接。

（4）搜索结果过滤。

Google 新设立了成人内容过滤功能，Google 的设置页面 http：//www.google.com/preferences，其中有一个选项“Safe Search Filtering”。

（5）单词和汉字纠错。

当用户在 Google 输入的关键词可能错误时，Google 会提示一个在使用概率上可能更正确的词。利用这样的功能，在某个英文单词或汉字记不清楚的情况下，可以直接在 Google 上输入错误的，然后 Google 会提示正确的关键词。

（6）天气查询（目前仅适用于中国大陆地区）。

用 Google 查询中国城市的天气预报，只需输入一个关键词（“天气”、“tq”或“TQ”

任选其一）和要查询的城市名称即可。Google 返回的网站链接会给出最新的当地天气状况和天气预报。例如：要查找上海地区的天气状况，可以输入："shanghai tq" 或者 "上海 天气" 并搜索即可。

（7）邮编区号（目前仅适用于中国大陆地区）。

用 Google 查询邮政编码或长途电话区号，只需输入关键词（"邮编"、"yb" 和 "YB" 任选其一；"区号"、"qh" 和 "QH" 任选其一）和要查的城市名或邮政编码或电话区号即可。Google 会提供相关的所有信息，包括所在地的省市名称、邮政编码及长途电话区号。

例如：要在 Google 站点上查找拉萨市的邮编区号，输入："拉萨 邮编 区号" 搜索即可。若搜索邮编 100000，区号 0891 的归属地，输入："邮编 10000" 或者 "0891 qh" 搜索即可。

（8）手机号码（目前仅适用于中国大陆地区）。

用 Google 查询手机电话号码归属地，只需直接输入要查的号码即可（不需要任何关键词。Google 能自动识别以 13 开头的、11 位数字的手机号码而返回相关的网站链接。

例如：要查找手机号 1336691××××的归属地，输入 "1336691××××" 搜索即可。

（9）Google 的商品购物搜索引擎 Froogle。

2002 年 12 月，Google 推出了商品购物搜索引擎 Froogle 测试版。用户登录 http://froogle.google.com 后即可在网上找到想购物的网站，然后可以比较世界各地同类产品的价格。

此外，在用户进行普通查询时，若查询的关键词与商业相关，则 Google 将从 Froogle 获得相关商品信息，并将其展现在普通搜索结果的顶端。

Froogle 是个不错的网上购物站点，它不但免费收录其他的网站，提交步骤也相当简单。

（10）Google 的图书搜索服务。

继 Amazon 之后，Google 也推出了其测试版图书搜索服务 Google Print。用户可找到图书的摘要、评论及作者简介等，甚至可能找到图书的外观照片。搜索结果中还提供了在哪里可以买到这本书的相关链接以及 Google 的相关广告。Google 一直都在探索如何进一步提高搜索服务的水平，图书搜索服务正是该公司不断改进搜索服务努力的一部分。目前该项服务所提供的印刷图书数量在逐渐地增多。

（11）查询电话号码（目前仅支持英文版）。

Google 的搜索栏中最新加入了电话号码和美国街区地址的查询信息。个人如想查找这些列表，只要填写姓名、城市和省份，如果该信息为众人所知，就会在搜索结果页面的最上方看到搜索的电话和街区地址。

（12）股票报价。

用 Google 英文版查找股票和共有基金信息，只要输入一个或多个 NYSE、NASDAQ、AMEX 或共有基金的股票的代码或者股市开户公司的名字即可。如果 Google 识别出查询的内容是股票或者共有基金，它回复的链接会直接链接到高质量的金融信息提供者提供的股票和共有基金信息，在搜索结果的开头显示的是查询的股市行情自动收录器的代码。Google 是以质量为基础来选择和决定金融信息提供者的，包括的因素有下载速度、用户界面及功能。

Google 简体中文界面的股票查询，非常简洁方便，只需输入一个关键词（"股票"、"gp" 和 "GP" 任选其一）和想查询的股票证券名称或其六位数代码，Google 就会返回链接，单击便能得到有关股票证券的详尽资料。

例如：要查找中国石化的行情走势，可以输入："中国石化 股票"或者"gp 600028"或者"zgsh gp"并搜索即可。

(13) 用Google查找地图。

想用Google查找街区地图，输入http：//maps.google.com/或http：//ditu.google.cn/就可以查询地图。

(14) 学术搜索。

Google推出了Google Scholar（http：//scholar.google.com/），帮助用户搜索技术报告、论文以及摘要等学术性文章。Google Scholar可以在Google的索引中搜索特定子集，涵盖从医药、物理学、经济学到电脑科技等众多领域。搜索范围除了普通的网页之外，还包括了大量书籍以及独立的论文和文章。搜索结果中可以列出文章的不同版本以及被其他文章所引用的次数。Google Scholar可以过滤掉普通搜索结果中的大量垃圾信息，还可以通过引用链接方便地找到与搜索结果关联的其他相关学术资料，对于学生、学者以及其他需要经常查阅学术文章的人来说，非常实用和方便。

第4节　百度搜索的使用

百度作为领先的中文搜索引擎，每分每秒都在以超过亿计的中文网页、全球独有的"超链分析"技术、亚秒级的迅捷速度、庞大的服务器群，接受来自全球各个国家的中文搜索请求。每一年，通过对数十亿次搜索的响应结果，使数千万的网民从百度分享到最纯粹的搜索体验，徜徉信息之海。

"众里寻她千百度"，"百度"二字正是源自辛弃疾的《青玉案》，象征着百度对中文信息检索技术执著的追求，寄托着百度公司对自身技术的信心。

一、百度简介

百度公司于1999年底成立于美国硅谷，它的创建者是资深信息检索技术专家、超链分析专利发明人、前Infoseek资深工程师现百度总裁李彦宏，及他的好友——在硅谷有多年商界成功经验的徐勇博士。2001年8月，Baidu.com搜索引擎Beta版发布（此前百度只为其他门户网站如搜狐、新浪、Tom等提供搜索引擎），2001年10月22日正式发布Baidu搜索引擎。2002年3月，闪电计划（Blitzen Project）开始后，百度的技术升级明显加快。

百度搜索首页如图3—4所示，默认为网页搜索。其使用方法非常简单，只要在搜索框中输入关键词，然后单击"百度一下"按钮，或直接按回车键即可获得相关搜索结果。

二、百度搜索的使用方法

1. 基本语法

(1) 输入多个词语搜索。

在百度搜索框中同时输入多个词语搜索（不同词之间用一个空格隔开），可以获得更精确的搜索结果。在百度查询时不需要使用符号"AND"或"+"，百度会在多个以空格隔开

图 3—4 百度搜索首页

的词语之间自动添加“+”。因此，当查询的关键词较为冗长时，建议将它拆成几个关键词来搜索，词与词之间用空格隔开。

（2）减除无关资料。

有时候，排除含有某些词语的资料有利于缩小查询范围。百度支持“—”功能，用于有目的地删除某些无关网页，但减号之前必须留一个空格，语法是“A−B”。

（3）并行搜索。

使用“A | B”来搜索“或者包含关键词 A，或者包含关键词 B”的网页。百度会提供与“ | ”前后任何字词相关的资料，并把最相关的网页排在前列。

（4）相关检索。

如果无法确定输入什么关键词才能找到满意的资料，那么可以先输入一个简单词语搜索，然后利用百度搜索引擎提供的“其他用户搜索过的相关搜索词”作为参考。单击任何一个相关搜索词，都能得到那个相关搜索词的搜索结果。

（5）百度快照。

百度快照是百度网站最具魅力和实用价值的一项功能。上网的时候肯定都会遇到“该页无法显示”（找不到网页的错误信息），而网页连接速度缓慢，要十几秒甚至几十秒才能打开的情况。出现这种情况的原因很多，比如网站服务器暂时中断或堵塞、网站已经更改链接等。无法登录网站的确是一个令人十分头痛的问题，百度快照能很好地解决这个问题。

百度搜索引擎已先预览各网站，拍下网页的快照，为用户储存大量应急网页。百度快照功能在百度的服务器上保存了几乎所有网站的大部分页面，使用户在不能链接所需网站时，利用百度暂存的网页救急。另外，通过百度快照寻找资料要比常规链接的速度快得多，因为：

1）百度快照的服务稳定，下载速度极快，不会受死链接或网络堵塞的影响。

2）在快照中，关键词均已用不同颜色在网页中标明，一目了然。

3）单击快照中的关键词，还可以直接跳转到它在文中首次出现的位置，浏览网页更方便。

（6）在指定网站内搜索。

搜索时，若在一个网址前加“site:”，可以限制只搜索某个具体网站、网站频道或某域名内的网页。

注意：搜索关键词在前，“site:”及网址在后；关键词与“site:”之间须留一空格隔开，“site”后的冒号可以是半角的，也可以是全角的，百度搜索引擎会自动辨认；“site:”后不能有前缀“http://”或后缀“/”，因为网站频道只局限于“频道名.域名”方式，不能是“域名/频道名”方式。

（7）在标题中搜索。

在一个或几个关键词前加“intitle:”，可以限制只搜索网页标题中含有这些关键词的网页。

注意：“intitle”后的冒号可以是全角或半角；“intitle”字母必须是半角小写，不可以是全角或大写。

（8）在 url 中搜索。

在“inurl:”后加 url 中的文字，可以限制只搜索 url 中含有这些文字的网页。

注意：“inurl”后的冒号可以是全角或半角的，“inurl”字母必须是半角小写，不可以是全角或大写的。某些网站的目录名是中文的，所以网页 URL 中也有中文，“inurl:”后就可以跟中文。

2. 百度新闻搜索

百度新闻（http://news.baidu.com/）是世界上最大的中文新闻搜索平台，每天发布 80 000～100 000 条新闻，新闻来源包括 500 多个综合和地方新闻网站、专业和行业网站、政府部门和组织网站、报纸杂志广播电视媒体网站。

百度新闻不含任何人工编辑成分，完全由程序自动采集生成；能自动计算一篇新闻被 500 多个网站转载和引用的次数，以此来确定被普遍关注的热点新闻；每 5 分钟对互联网上的新闻进行检查，及时在百度上发布最新新闻；还提供浏览历史新闻和地区新闻的功能。

百度新闻支持新闻全文搜索和新闻标题搜索，搜索结果默认按时间倒序排列，即最新的新闻排在最前。也可以通过搜索结果中的“按相关性排序”的按钮进行切换，这样得到的搜索结果则是与搜索主题最相关的新闻排在最前。百度新闻搜索结果中同时提供了新闻图片显示，即当该新闻中含有图片时，百度新闻便会在搜索结果中显示该新闻图片。

3. 百度 MP3 搜索

百度中文搜索引擎是世界上最大的中文搜索引擎，百度在天天更新的 1.2 亿中文网页中提取 MP3 下载链接，建立庞大的 MP3 歌曲下载链接库。百度 MP3 搜索引擎拥有自动验证下载速度的卓越功能，并把下载速度最快的排在前列，使用户下载 MP3 歌曲的速度总是保持最快。

百度在推出 MP3 搜索以后，利用自身强大的技术实力，推出了方便易用的歌词搜索。在歌词搜索结果右下角，提供 MP3 搜索有结果的链接。

在百度 MP3 搜索引擎主页（http：//mp3. baidu. com/）搜索框中输入歌手名或歌曲名，并单击“搜索”按钮，或直接按键盘上的回车键，百度就会自动搜索相关的 MP3。MP3 搜索关键词主要是歌手名和歌曲名，准确的歌手名或歌曲名是 MP3 搜索的关键。如果无法确认某个歌手姓名的写法，可以输入歌手姓名的汉语拼音，百度会提示用户选择合适的关键词。

用歌手名搜索不能搜索到其全部作品，搜索歌曲最好直接用歌曲名搜索。如果歌曲名太常见，搜索结果很多，可以用歌曲名加歌手名一起搜索，这只要在歌手名和歌曲名之间加一个空格就可以了。百度歌词搜索引擎还能够搜索到歌词，并且在搜索到的歌词结果页面下载该 MP3。

百度 MP3 搜索每天晚上会自动对搜索结果一一验证，并清除无效的下载链接。但由于网络情况时刻在变化，始终可能有打不开的下载链接，用歌曲名在百度 MP3 搜索引擎中搜索，会有不同的下载地址，可以试一试别的下载链接。

4. 百度图片搜索

百度图片搜索（http：//image. baidu. com/）建立了庞大的中文图片库，可以直接输入任何关键词搜索到图片资料。除了搜索一般图片，还可以用百度搜索新闻图片。百度图片搜索还提供了常见的明星、名车、风景等目录。

需要指出的是，虽然百度图片搜索是世界上最大的中文图片库，但某些图片可能仍未被百度收录。某些图片对关键词不敏感，所以输入某个关键词搜索并不能保证搜索到互联网上所有与该关键词相关的图片，这时可以换用其他关键词（同义词）以找到更多相关图片。

百度图片搜索支持的图片格式为：. jpeg、. gif、. png 和 . bmp。在搜索时，可以选择搜索全部图片，这样将最大范围地搜索到要找的图片，当然也可以选择搜索某一格式的图片。

百度图片搜索支持图片尺寸选择，在输入关键词搜索后，可以进一步选择大中小不同尺寸的图片，同时还可直接选择 800×600、1 024×768 两类常规桌面壁纸大小的图片。

5. 百度贴吧搜索

百度虽然已能搜寻高达几亿中文网页上的信息，但也不能涵盖中国网民头脑中的所有知识。“贴吧”（http：//tieba. baidu. com/）诞生的意义，是让用户可以把自己的知识、想法和经验与大家分享。

在贴吧输入任何感兴趣的关键词，便可参与相关主题的信息交流，还可以通过注册一个用户名参与讨论。百度贴吧提供准确、快速的搜索功能，只要在搜索框填写好需要寻找的内容，单击“搜索”即可。它还支持多关键词搜索，同时可以按照相关性、发言时间进行排序。百度贴吧还支持贴图和自动链接，对于注册用户，还有“我的收藏夹”功能。

6. 百度中文搜索风云榜

目前，百度是中文第一搜索门户，也是中文搜索流量最高的搜索引擎。百度以每天数千万次搜索数据为基础，每天发布的关键词风云榜（http：//top. baidu. com/），是根据前一天 0:00—24:00 的搜索量统计自动计算生成，每天早上自动更新。因此它的每日搜索量排行榜具有很高的参考价值，对搜索当前互联网热点很有帮助。

7. 百度搜索工具

百度搜霸，是一款免费的浏览器工具条。它把百度搜索引擎的很多功能集成在一起，使用户在任何时候，不需访问搜索引擎，即可实现搜索功能。

百度搜索伴侣，是最新一代的互联网冲浪方式。它使用户无须登录搜索引擎，直接利用浏览器地址栏，快速获得由全球最大中文互联网搜索引擎提供的丰富信息，另外它还具有其他丰富强大的功能，给用户上网以最贴心的照顾和保护。

第5节　特色搜索引擎

除了Google和百度这两个常用的搜索引擎外，还有很多其他搜索引擎或特殊检索工具，它们都有各自的特色和价值。

当查找一类信息时，使用综合搜索引擎可能会找到很多无用的信息，这时，如果有一种专门搜索这类信息的搜索引擎，会更得心应手。一些特色搜索引擎，专门收集某一类的信息资源，内容丰富、数据量大，能更迅速地找到一些有用的信息。

一、图片搜索

长久以来，信息的多媒体化一直是人们的梦想，如今，它正在逐渐变为现实。一篇篇文章不再仅仅是枯燥的文字，图片、视频也成为人们在网络上了解信息的媒介，但由于这些资料和普通文本不同，使用传统的搜索引擎对其进行搜索，成功率不高。快速便捷地进行多媒体信息的检索、咨询和浏览，成为人们的迫切需求，新的搜索技术也应运而生。目前，一些多媒体搜索引擎已经开始为用户服务，其中以图片搜索引擎为最多，可以说图片搜索成了多媒体信息检索的第一站，图片搜索引擎是继全文搜索后的又一重要服务。图片搜索技术的崛起则是Internet搜索技术的重要里程碑。

图片搜索引擎是专门用来查询图片、图像（照片）的搜索引擎。总的来说，图片搜索技术可以分为基于文字的搜索与基于内容的搜索。基于文字的搜索是利用图片的文字描述寻找需要的图片；基于内容的检索是分析图片中颜色、纹理分布等特征，寻找相关的图片。目前许多图片搜索产品与技术都是以上两种技术的结合。

1. 中文图片搜索引擎

中文图片搜索引擎除了常用的Google和百度外，中搜图片（http://img.zhongsou.com/，如图3—5所示）也是一个不错的搜索引擎。中国搜索从2亿中文网页中提取各类图片，建立了完善的中文图片库。搜索时，可以通过直接输入任何关键词，搜索到想要的图片资料。搜索的范围可以是图片的名称、图片的解说文字和图片相关的文章内容。在搜索结果页中，单击要查看的图片的缩略图，就会看到原始图片。如果单击图片下方的“查看源网页”可以查看原始图片所在的网页。进行图片搜索时，可以自由选择图片格式，它支持.jpeg、.gif、.png和.bmp格式的图片。还可以根据需要选择图片的大小，包括可作壁纸的“800×600”、“1 024×768”和大、中、小图片。

2. 英文图片搜索引擎

（1）Yahoo画廊。Google图片搜索是基于网页的图片搜索引擎，而Yahoo画廊（http://gallery.yahoo.com/）是基于图库的。

（2）其他常用英文图片搜索引擎还有：http：//www.ditto.com/、http：//www.pic-

图 3—5 中搜图片

search. com/等。

二、FTP 搜索引擎

FTP 搜索引擎的功能是搜集匿名 FTP 服务器提供的目录列表以及向用户提供文件信息的查询服务由于 FTP 搜索引擎专门针对各种文件，因而相对 WWW 搜索引擎，寻找软件、图片、电影和音乐等文件时，使用 FTP 搜索引擎更加便捷。

北大天网文件搜索引擎（http://e. pku. edu. cn/）是北京大学网络与分布式系统实验室开发的、服务大众的免费文件查询服务。天网文件搜索是中英文搜索引擎，既搜索 FTP 文件也搜索 WWW 文件，但目前以 FTP 文件为主。天网文件搜索引擎已经是国内最为大型的 FTP 搜索引擎，也是国际上名列前茅的 FTP 搜索引擎。目前搜集了 2 万多个 FTP 站点，为 2 000 多万文件条目建立索引，其中包括 1 300 万国内文件和 800 万国外文件。每天使用天网文件搜索的用户量超过 40 万人次，每月超过 1 300 万人次，是互联网上查询文件的重要门户之一。

三、新闻组搜索

新闻组（News Groups）是一个遍及全世界的巨大的电子公告栏系统，是一项通过网络交换信息向用户提供针对各种专题相互讨论和交流的一种服务，新闻组搜索引擎，是专门搜索 Newsgroups 等信息的引擎，可用此工具查询自己感兴趣的新闻论坛和讨论组。

Newzbot（http：//www. newzbot. com/。如图 3—6 所示）是一个非常著名的新闻组搜索引擎。Newzbot 不支持通配符“*”和“%”搜索。当关键词无法完全匹配时，Newzbot 会自动扩展关键词，例如搜索 MP3 时，Newzbot 会自动搜索出包含 MP3 的新闻组。

其他常用的新闻组搜索引擎还有：Cyberfiber（http：//www. cyberfiber. com/）、Harley（http：//www. harley. com/usenet/）。

图 3—6　Newzbot

四、新闻搜索引擎

新闻搜索引擎是搜索引擎的一种，它实时地抓取互联网随时发布的新闻，并采用多项先进技术对抓取来的信息进行综合处理，然后提供给互联网上的用户进行实时搜索。所以，新闻搜索引擎也是普通网页搜索引擎的一个不可代替的补充。它能帮助记者、编辑、新闻工作者及关心某个主题实时新闻的用户及时获得所需的信息。新闻搜索引擎以其实时、快捷、方便的服务赢得了广大用户的认同。

作为新闻搜索引擎，它必须具有覆盖面广、时效性强、搜索速度快、查询准确、支持并发访问等特点。其中快速搜索是网民使用新闻搜索引擎的基本要求之一，而查询准确、时效性强和支持并发访问是衡量一个新闻搜索引擎成熟度的重要指标。

中文新闻搜索引擎除了百度新闻搜索外，中搜新闻搜索（http：//z. zhongsou. com/，如图 3—7 所示）也是目前非常优秀的新闻搜索引擎。中搜新闻搜索自问世以来一直在中文即时搜索领域处于领先地位，为新浪网提供全面的新闻检索服务。中搜新闻搜索能及时和全面地搜索超过 1 500 家新闻网站每分钟内的新闻，同时中搜新闻搜索将新闻结果自动分类，帮助用户更快地查找到所需的内容。

为了快速找到所需的信息，中搜新闻搜索提供时间和相关性两种排序方式，也可以采用智能排序方式，中搜综合考虑了两种因素的影响，以使用户可以定制自己的排序方式。

其他还有很多新闻搜索引擎：爱问新闻（http：//n. iask. com/）、搜狗新闻（http：//news. sogou. com/）。

五、MP3 搜索引擎

网上 MP3 资源非常丰富，目前在网上搜索 MP3 的方法通常有两种：一是借助 MP3 搜索引擎去搜索；二是通过一些搜索软件来搜索。下面介绍两种常用的 MP3 搜索引擎。

图 3—7　中搜新闻搜索

1. 中搜 MP3 搜索

除常用的百度 MP3 搜索外，中搜 MP3 搜索（http：//mp3. zhongsou. com/，如图 3—8 所示）也是很优秀的 MP3 搜索引擎。

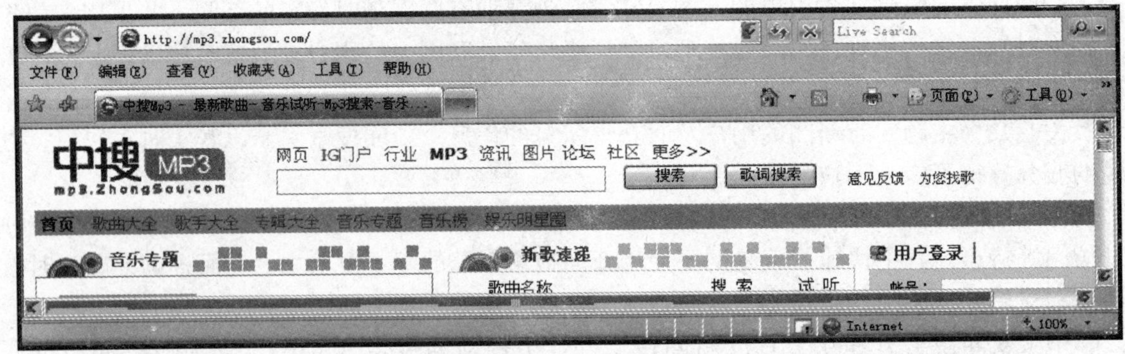

图 3—8　中搜 MP3 搜索

2. 搜刮网（SoGua）

如果要搜索中文的 MP3 歌曲，那么使用 SoGua（http：//www. sogua. com/）将是明智的选择。SoGua MP3 搜索引擎搜索的速度非常快，搜索结果的准确性也非常高。在搜索结果页面上，还会提供各个链接的文件的大小、格式、连通率、铃声和检测时间等详细资料，供使用者选择。另外，在搜索结果中，SoGua 还提供一个歌词的链接，单击这个链接可自动调用 SoGua 的歌词搜索引擎。

六、Flash 搜索引擎

中搜网提供 Flash 搜索服务（http：//flash. zhongsou. com/），搜索时只需在 Flash 搜索框中直接输入查询的关键词，然后单击“搜索”按钮或直接按键盘上的回车键。

七、其他特色搜索引擎

1. 字典搜索

OneLook（http://www.onelook.com，如图 3—9 所示）是一个在线词典资源的“元搜索引擎”，提供多种词典资源的并行搜索服务，并输出一个集成的检索结果集合，有助于用户获取对某一单词更加全面的认识和了解。

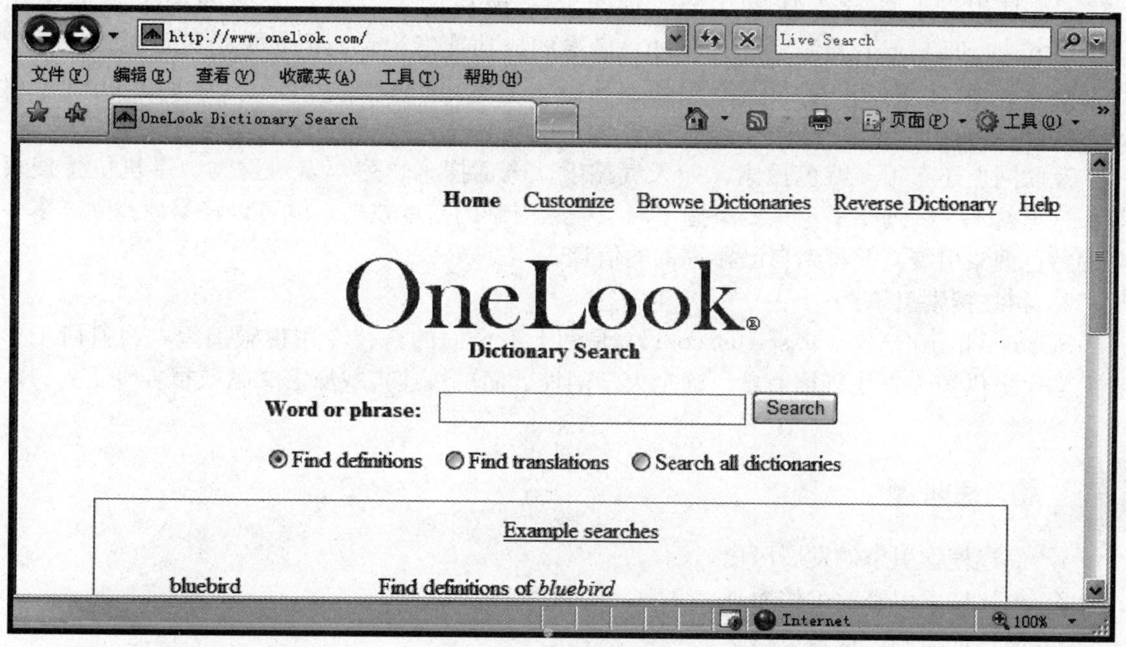

图 3—9　OneLook 首页

还有很多其他字典搜索引擎，比如：Merriam-Webster Online（http://www.merriam-webster.com/）、Cambridge Dictionaries Online（http://dictionary.cambridge.org/）。

2. 地图搜索

（1）图行天下。

图行天下（http://www.go2map.com）是一个地图搜索引擎，可在地图上查询全国各大城市的交通路线、路名、公交换乘方式、建筑物方位等信息，各城市数据每天更新，为用户提供生活、休闲、旅游等各方面帮助。

（2）城市通。

城市通（http://www.52tong.com/）是中国著名的以提供矢量化电子地图和城市数据服务为特色的专业网站，提供专业权威的城市电子地图服务。

（3）Map Blast。

Map Blast（http://www.mapblast.com/）可以查询世界地图信息。在同类检索工具中，MapBlast 可称为“元老”之一，它最先推出网络地图信息查询和检索服务。

还有很多其他地图搜索引擎，如：Map Quest（http://www.mapquest.com/）、Maps On Us（http://www.mapsonus.com/）。

3. 域名搜索和 IP 搜索

域名是一个网站最重要的财产，所以域名注册信息通常是非常真实的。要了解一个网站背景，或者寻找该网站的联系方法，域名搜索无疑是很有效的。NIC（Net Information Center）（http：//www. nic. com/nic/whois/）提供了权威且免费的域名和 IP 注册信息查询，输入一个域名或 IP 就可以查到该域名的详细注册和管理信息。如果要查询 IP 的精确地域信息，则还是使用国内开发的 IP 查询工具为佳，如众易网（http：//www. xeasy. net/ip-search. php）。

4. 寻人搜索

只需使用专业的寻人搜索引擎，即可轻松地在网上寻人。著名的网上寻人网站（www. ussearch. com）号称已经有超过一亿次的成功搜索记录，但它是个收费网站。免费寻人搜索网站有 Yahoo 寻人搜索引擎（http：//people. yahoo. com）、Look4u（http：//www. look4u. com/gb/）等。

互联网上还有很多特色搜索，如天气搜索、电话搜索、列车航班搜索、手机位置搜索等，这里就不一一列举了。只要掌握了网页搜索引擎的基本技巧，就可以轻易地找到丰富多彩的特色搜索引擎，并得到自己要查询的信息。

5. 科技搜索引擎

Scirus（http：//www. scirus. com/）是网上最全面的科技专用搜索引擎，为科研工作者、学生提供精确查找科技信息、确定大学网址、简单快速查找所需文献或报告等服务。

复习思考题

1. 简述搜索引擎的发展历史。
2. 简述搜索引擎的工作原理。
3. 简述如何制定搜索策略。
4. 搜索引擎一般有哪些搜索技巧？
5. 如何用搜索引擎查找专业文献？

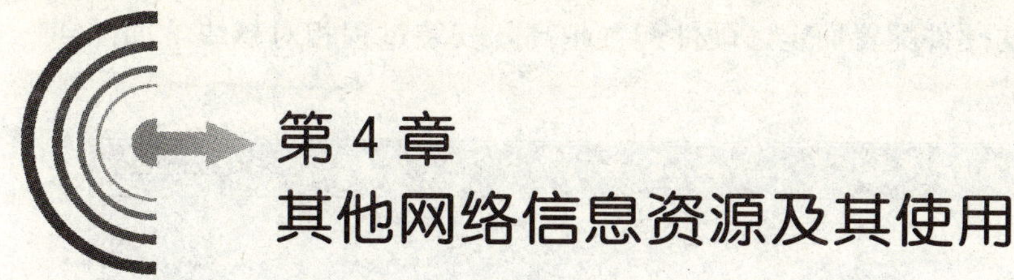

第4章 其他网络信息资源及其使用

小张是某学校的老师，最近学校通知老师们踊跃参加多媒体教学课件比赛，小张准备做一个课件来参加比赛，通过网上搜索这方面的信息，决定用 Authorware 软件来制作。可是他对 Authorware 不了解，于是从网上搜索教程，找到了很多可以下载的教程，但有些教程是网络版的，只能打开看，不易下载，于是他下载了 Teleport Pro 软件，安装后，很快就把软件教程的内容下载下来了，并根据教程完成了课件的制作。

本章重点知识

- IE 使用技巧
- 离线浏览器
- 网络目录
- 虚拟图书馆

第1节　网页浏览器及使用技巧

任何一台服务器上的主页，不管是文本、图片还是音频、视频，都需要用一定的工具将其呈现在用户眼前，这种工具就是浏览器（Browser），它是互联网上对远程资源进行浏览和利用的一种工具。它实际上是一种客户端程序，用以与服务器建立连接，浏览服务器上的 Web 页面。互联网上的浏览器种类繁多，它们虽然内部结构有所不同，但是工作原理都比较相像，而且实现了大致相同的、尽可能多的功能，并不断对自身进行完善。目前 Microsoft 公司的 Internet Explorer（简称 IE）几乎主宰了整个浏览器市场，在市场份额中占有绝对优势，本节将以 IE 为重点，介绍几种常用的浏览器及其使用技巧。

一、Internet Explorer 8.0 浏览器

1. IE 8.0 的安装

首先下载 IE 8.0 安装程序，然后运行，进行确认直至出现欢迎界面，单击“下一步”按钮开始安装，如图 4—1 所示。

推荐你勾选“安装更新”选项，这样系统会在 IE 8.0 安装过程中把一些相关更新与主程序一并安装，从而保证安装后的 IE 8.0 就是当前的最新版本。勾选完毕后点击“下一步”，如图 4—2 所示。

接下来进入 IE 8.0 的自动安装阶段，无须手动操作，只需要耐心等待安装过程。安装

所需时间则根据用户计算机的硬件配置而定，硬件配置越高，安装过程相对越快，如图 4—3 所示。

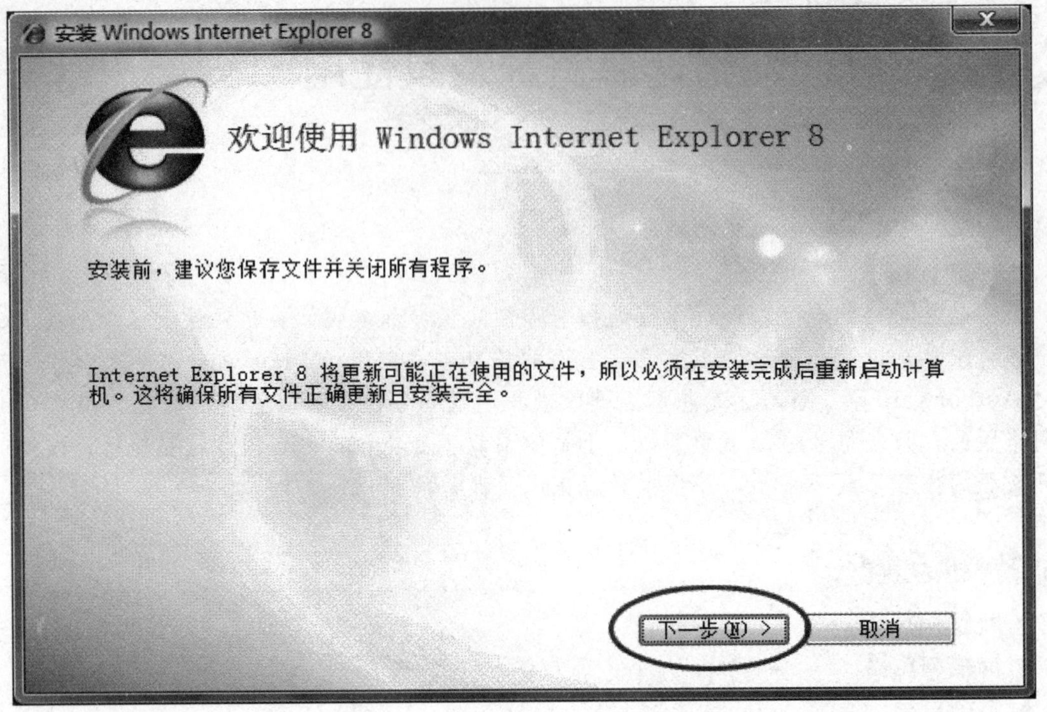

图 4—1

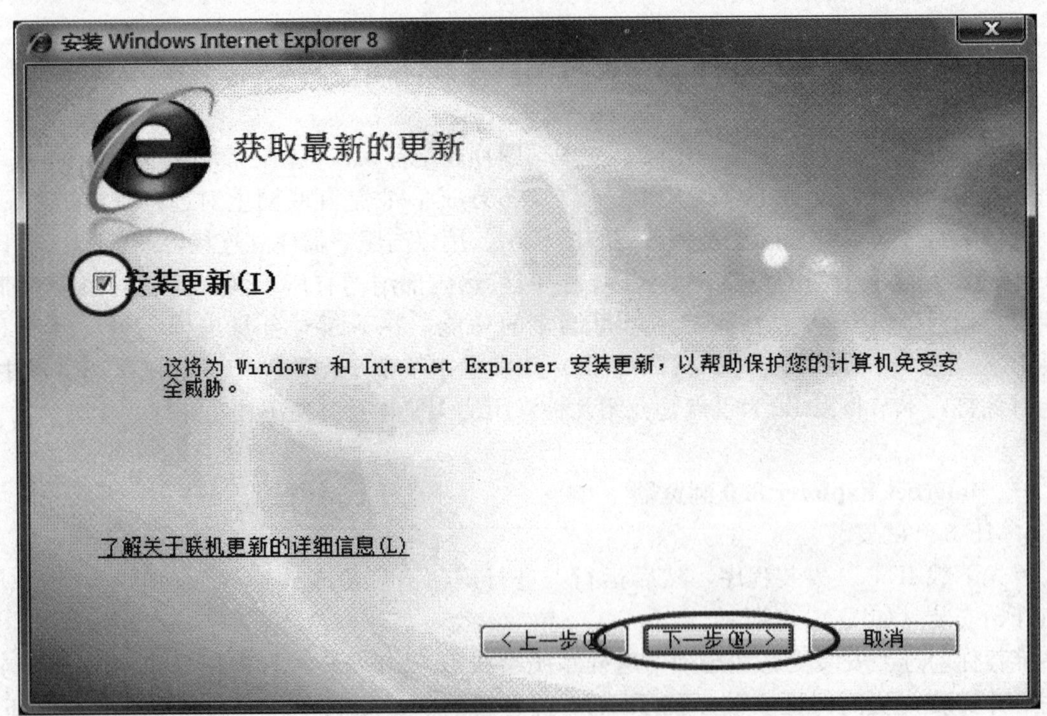

图 4—2

图 4—3

程序安装完毕，根据提示，重新启动计算机，待重新进入系统后，IE 8.0 安装完毕，如图 4—4 所示。

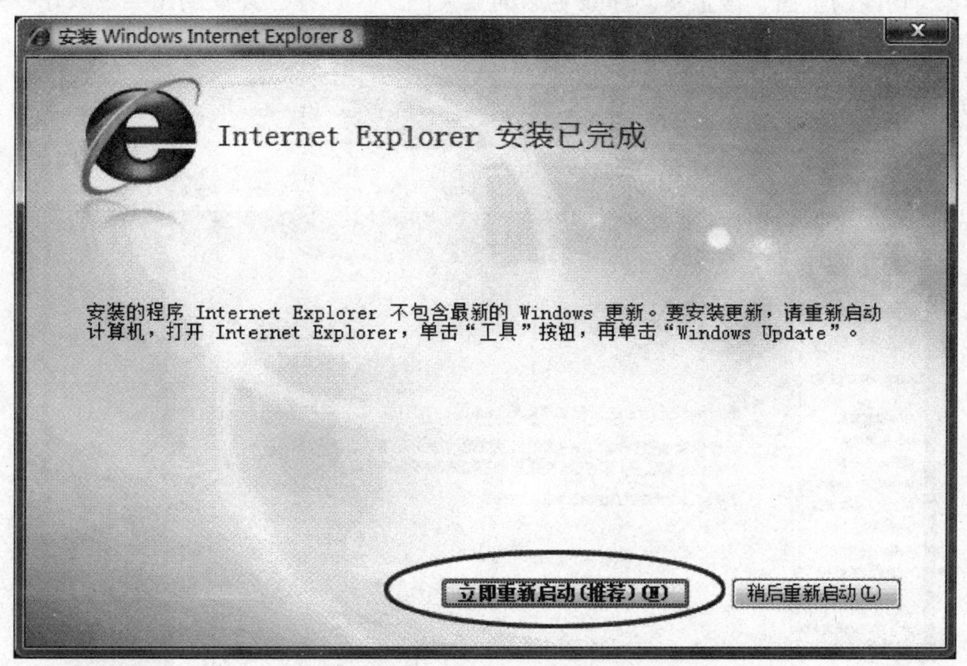

图 4—4

2. 初次启动

初次启动 IE 8.0 时，会出现欢迎使用的提示框，单击“下一步”继续，如图 4—5 所示。

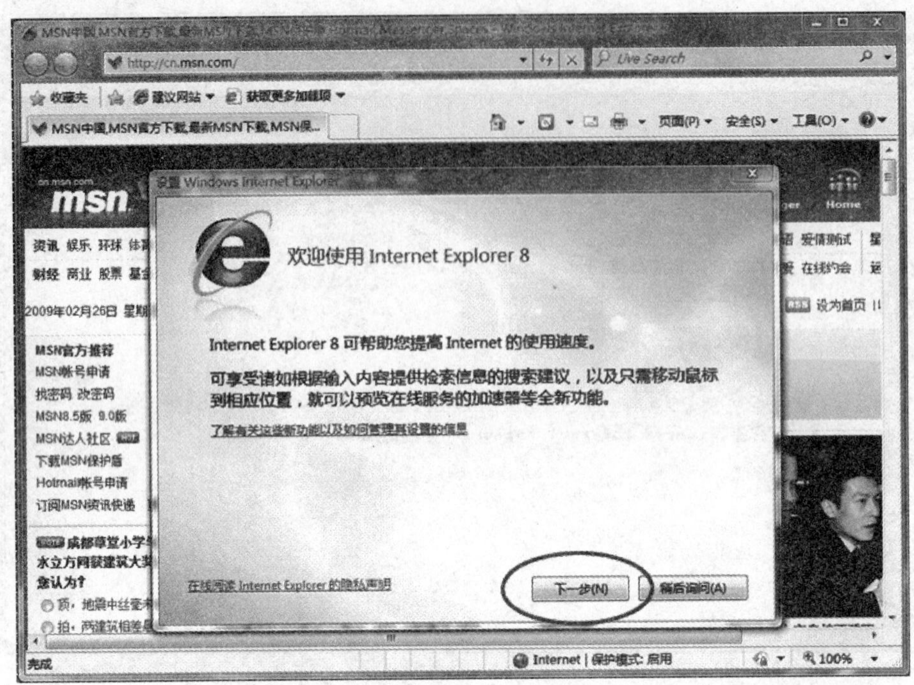

图 4—5

“打开建议网站”，此功能会根据当前打开的网页，提供一些内容类似的网站。例如，正打开了某购物网的页面，该工具会建议更多的相关网站供选择。建议网站会被放在收藏夹栏中随时更新内容，方便使用，如图 4—6 所示。

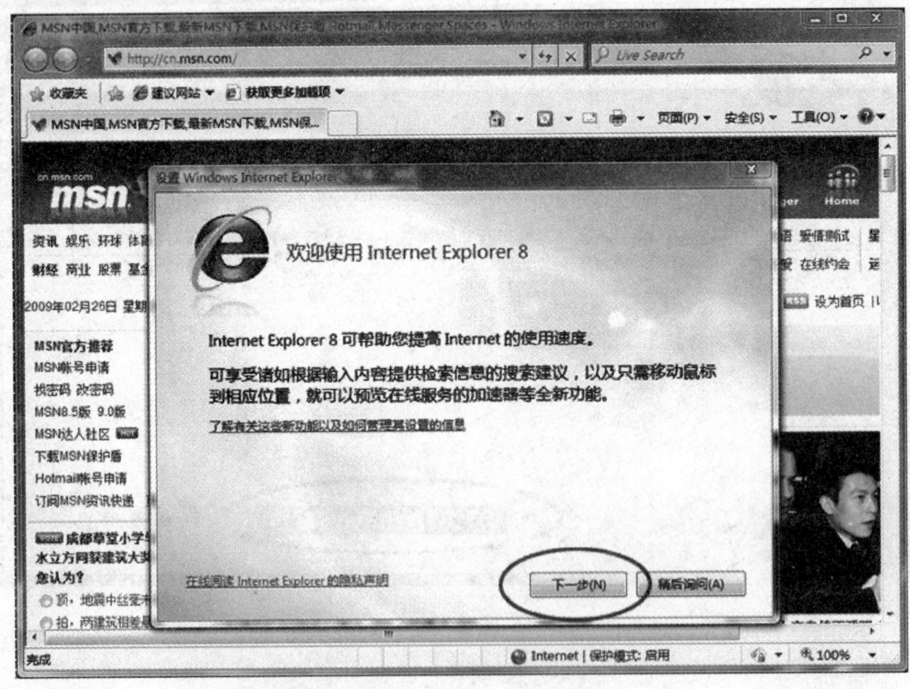

图 4—6

接下来会提示选择 IE 8.0 的一些设置，像默认的搜索程序、加速器等。这些设置在使用过程中都可以随使用者的喜好自行更改，在此选择自定义设置即可，单击“下一步”，如图 4—7 所示。

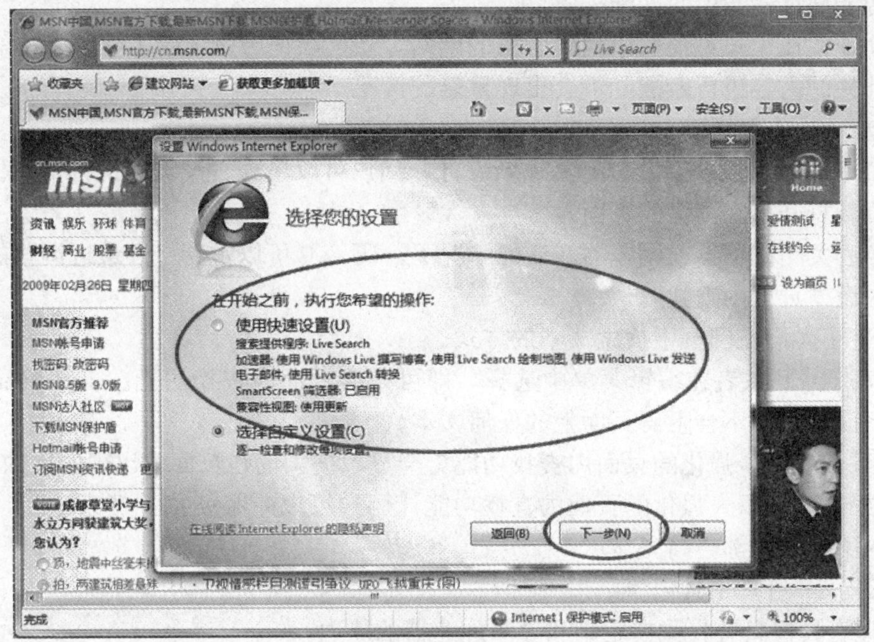

图 4—7

至此，设置全部完成，浏览器会自动打开 IE 8.0 的介绍页面，现在可以开始使用 IE 8.0 了，如图 4—8 所示。

图 4—8

3. IE 8.0 新增的功能

(1) 智能地址栏与内容匹配。

智能地址栏让用户不仅可以找到所需的网站，还可以把历史记录、收藏夹中的标题同用户输入地址栏的内容进行匹配，不会出现重复的情况。

(2)“新选项卡”页面。

IE 8.0 中的“新选项卡”进行了重新设计，用户可以单击右键页面执行常见任务。

(3) 重新打开上次浏览的页面。

在不小心关闭浏览器或浏览器崩溃的情况下，IE 8.0 可以重新打开最近浏览的页面。

(4) 内设“页面内查找”。

1) 改进了人们在网页中搜索文本的方式。

2) 按 Ctrl+F 或者在编辑菜单中选择，即可开启页面内查找功能。工具条显示在用户的选项卡下面，因此不会阻碍页面上的任何文本。

3) 结果数显示。强化的页面内查找功能，会显示搜索词在页面中出现的次数。

4) 结果高亮显示。强化的页面内查找功能让用户可以一眼就找到搜索项目，因为搜索文本出现的所有地方都会高亮显示。

(5) 设有 IE 管理工具包。

IE 管理工具包具有收藏夹定制和导入加速器的能力。

(6) 增加了 140 多项设置。

(7) 增改 7 项子系统。

除了在标准支持方面的改进，IE 8.0 也增加了面向开发人员的平台特性，还在很多子系统中改进了性能，例如 HTML 解析器、级联样式表（CSS）规则处理、标签树、Jscript 解析器、清除对象时间和内存管理等。

(8) 突破页面限制。

1) 网页快讯。借助网页快讯，人们通常不必离开正在浏览的网页即可看到他们最希望看到的信息，而开发人员可以把网页的某个部分标记为网页快讯，让用户可以监测他们最常浏览的信息。在收藏夹一栏中，用户可以发现以粗体显示的包含更新内容的网页快讯，有可视化的内容并且包含到源网页的链接。

2) 即时搜索框。IE 8.0 中强化的即时搜索，便于用户寻找感兴趣的内容并提高搜索结果的相关度。当用户输入搜索词时，会实时看到来自所选搜索服务提供商的搜索建议，包括图像和文本。为了便于在网站和搜索服务提供商的搜索建议之间实时切换，搜索框的底端还提供了菜单。此外，即时搜索框还可以显示用户的收藏夹和浏览历史的搜索结果。

(9) 3 层安全防护。

(10) 兼容性视图查看。

(11) 兼容性列表查看。

(12) 删除浏览历史记录。

IE 8.0 强化了删除浏览历史记录的功能，支持删除某些 cookies、历史记录和其他数据，同时保留针对喜欢站点的 cookies、历史记录和其他数据。

(13) Smart Screen 过滤器。

Smart Screen 过滤器源于微软的钓鱼攻击过滤器，帮助防护钓鱼威胁以及阻止试图下载恶意软件的网站，Smart Screen 过滤器还提供用户界面和报警信息。

（14）域名高亮显示。

IE 8.0 以粗体字高亮显示地址栏中的网址字符串的域名，辨别正在访问那个网站，识别钓鱼网站和其他欺骗性网站。域名以黑色字体显示，与网址中其他的灰色字符相区别。

二、其他浏览器

1. Mozilla Firefox 浏览器

Mozilla Firefox 是一种开源的网页浏览器，中文名称为火狐浏览器，由 Mozilla 基金会（http://www.mozilla.com/）与众多志愿者所开发。Firefox 采用了小而精的核心，并允许用户根据个人需要去添加各种扩展插件来完成更多的、更个性化的功能。Firefox 使用开放源码的网页排版引擎 Gecko，Gecko 能够让浏览器尽可能按标准来显示网页内容。Firefox 浏览器的标志如图 4—9 所示。

图 4—9　Firefox 浏览器的标志

从 2005 年开始，Firefox 浏览器每年都被美国著名 IT 杂志《个人计算机杂志》（*PC Magazine*）选为年度最佳浏览器。根据统计，截至 2008 年 6 月 Firefox 浏览器的市场占有率为 19.11%，仅次于微软的 Internet Explorer。

Firefox 浏览器部分版本的发布纪录为：

2002 年 9 月 23 日：0.1
2004 年 11 月 9 日：1.0
2005 年 11 月 29 日：1.5
2006 年 10 月 24 日：2.0
2008 年 6 月 17 日：3.0

Firefox 浏览器的特点如下：

（1）分页浏览。用户不再需要打开新的窗口浏览网页，而只需要在现有的窗口中开一个新的分页即可，从而节约内存。当阅读完一个网页时，你打开的其他页面就已经载入完毕，无需等待。

（2）弹出式窗口拦截。在默认的设置下，Firefox 会拦截所有网站的弹出窗口。

（3）界面主题。Firefox 支持个性化的界面，用户可以选择各种不同的界面主题来达到美观的效果。

（4）扩展插件。Firefox 的扩展性能非常强，用户可以通过安装扩展插件来添加更多的功能。

（5）预制了搜索功能。Firefox 在界面上预制了搜索功能，用户无须打开相应的搜索引擎页面就可进行搜索。

（6）跨平台。支持 Windows、Linux、MacOS 等操作系统。

（7）Places。新型的书签、浏览历史以及其他信息的存储系统，它可以管理的内容非常丰富，不仅包括浏览历史、下载、书签，还有标签等。整个界面与 Vista 窗口风格高度统一，尤其是顶部工具栏左侧的前进/后退按钮和右侧的搜索框。

Firefox 的浏览器安全性能：

（1）独立于 Windows 系统，可减少病毒及黑客借由 Firefox 而造成操作系统的损害。

（2）不支援 VBScript 及 ActiveX 这两个技术（可以透过扩展插件来支持）。

（3）限制网络自动下载，防止间谍或广告软件自动且任意安装于系统上。

（4）使用者对 Cookie 等个人资料有完全的控制权。

2. Opera 浏览器

Opera 是一款挪威 Opera Software ASA 公司制作的支持多页面标签式浏览的网络浏览器，目前官方发布的个人电脑用的最新稳定版本为 10.50，新版本的 Opera 增加了大量网络功能。Opera 是一个小巧而功能强大的跨平台互联网套件，包括网页浏览、下载管理、邮件客户端、RSS 阅读器、IRC 聊天、新闻组阅读、快速笔记、幻灯显示（Opera Show）等功能，如图 4—10 所示。

图 4—10 Opera 浏览器

Opera 支持多种操作系统，例如：Windows、Linux、MacOS、FreeBSD、Solaris、BeOS、OS/2、QNX 等，此外，Opera 还有手机用的版本，在 2006 年更与 Nintendo 签下合约，提供 NDS 及 Wii 游乐器 Opera 浏览器软件。Opera 也支持多语言，包括简体中文和繁体中文。

Opera 还提供很多方便的特性，包括 Wand 密码管理、会话管理、鼠标手势、键盘快捷键、内置搜索引擎、广告拦截、内容过滤、浏览器识别伪装和超过 400 种可以方便下载更换的皮肤等，界面也可以在定制模式下通过拖放随意更改。下载一个大约 10M 的扩展以后，它甚至可以让你用语音控制以及阅读网页（英文）。而以上的这些功能，包括右键菜单都是可以由用户自定义的。

Opera 支持包括 SS12/3 以及 T1S 在内的各种安全协议，支持 256 位加密，可以抵御恶意代码攻击、钓鱼攻击等网络攻击，而其网页渲染速度也是当今速度最快的。它支持 W3C 标准，此外它还可以以作者模式和用户模式让有经验的使用者控制浏览网页的结构和字体等。

3. Safari 浏览器

Safari，苹果计算机的最新作业系统 MacOSX 中新的默认浏览器用来取代之前的 Internet Explorer for Mac。Safari 使用了 KDE 的 KHTML 作为浏览器的运算核心。目前该浏览器已支持 Windows 平台，如图 4—11 所示。

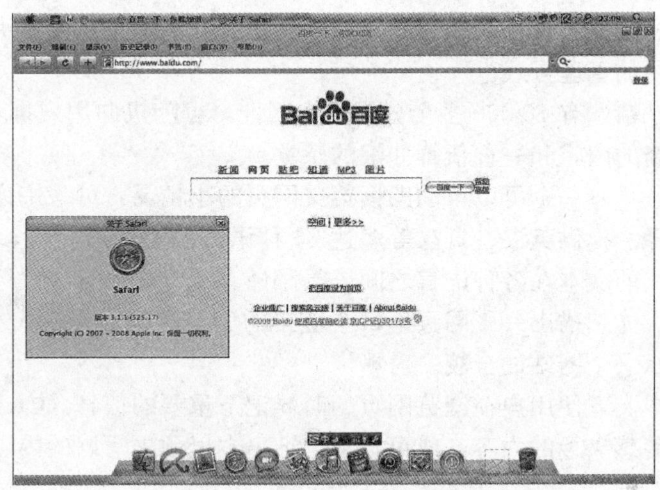

图 4—11　Safari 浏览器

在 1997 年以前，苹果电脑预装的是 Netscape Navigator 浏览器，1997 年后微软以开发苹果版的 Microsoft Office 作为条件，要求苹果改用 Internet Explorer for Mac。2003 年 6 月，苹果推出自家的 Safari 浏览器，微软也终止开发苹果版的 IE 浏览器。

Safari 使用苹果自家的 Web Kit 来进行网页排版及执行 JavaScript，Web Kit 内含 Web Core 排版引擎及 JavaScript Core 引擎，分别从 KDE 的 KHTML 及 KJS 引擎衍生而来。Web Core 及 JavaScript Core 与 KHTML 及 KJS 一样，同是自由软件，并以 1GP1 方式授权。苹果对 KHTML 的一些改进会并入 Konqueror 计划。另外，苹果方面也推出了附加的源代码，以类似 BSD 执照的开放源代码方式授权。

2005 年 6 月，KHTML 的开发人员曾批评苹果不整理产品改动的记录，苹果方面遂把 Web Core 及 JavaScript Core 的开发及错误回报交予 opendarwin. org 负责。Web Kit 本身也是以开放源代码方式发行，但浏览器自身的外观，如使用接口等，则维持专有。

2005 年 4 月 29 日，Safari 2. 0 版推出，内置 RSS 及 Atom 阅读器，其他新功能有隐秘浏览、收藏及电邮网页、搜寻网址书签等，其速度是 1. 2. 4 版本的 1. 8 倍。

2005 年 4 月，Safari 的开发人员之一 Dave Htatt，Hyatt 宣布其内部试验版本的 Safari 通过了 Acid2。至 10 月 31 日，Safari2. 0. 2 版正式推出，成为首个通过 Acid2 测试的浏览器。

2008年3月19日Windows平台的Safari 3.1版发布，根据苹果Safari 3.1版本的介绍，这一版本不仅秉承“最出色的浏览器”的特性，而且集合了大量新的改进，堪称Mac和Windows平台上“最快的浏览器”。根据官方介绍，Safari 3.1版载入页面的速度是IE 7.0的1.9倍，是Firefox 2.0的1.7倍，运行JavaScript的速度则是其他浏览器的6倍。此次发布的Safari 3.1支持最新的网页标准，并包含大量新的改进，包括：改进JavaScript对CSS3支持的性能表现、改进CSS渲染、HTML5视频及音频的处理、SQ1数据库离线存储、SVG图像以及支持SVG高级文本等。另外，新版Safari 3.1在安全性上也做了相当大的改进，这一版本支持128位加密，可有效地保护用户的数据安全。

4. 可在线翻译的Fast Browser浏览器

Fast Browser是一个非常棒的多线程浏览器，能让你的网上冲浪变得更加简单和方便，它极大地扩充了浏览器的功能。Fast Browser浏览器中文版的十大功能：

（1）优秀的多窗口浏览。一次能够同时打开多达180个网页，能显示每个网页的下载进度，并提供多种简便的管理方式。

（2）自由冲浪。精选有10 000多个分类中文网址，可随机向用户推荐一个优秀的网站，给用户带来众多全新的内容和一种新鲜冲浪的感觉。

（3）语音功能。具有一个可以自动朗读英文网页的小精灵，可锻炼你的英语听力。

（4）多语种翻译。提供英汉、日汉等多达36种语言的翻译或转码，提供多个在线翻译引擎，可把用户输入的文本在各种语言之间进行翻译。

（5）网页扫描。能扫描出一张网页里每个链接的创建时间、文件大小甚至服务器名称，可全面地给用户展示一个网站的全貌。

（6）微型记事本。方便用户在浏览网页的时候记下重要的信息（Ctrl+7键），也可在网页里用拖动方式收集感兴趣的内容，或可直接把记事本里预先写好的内容拖到网页输入框里加速填表的过程。

（7）强力搜索引擎。可使用500个搜索引擎进行搜索，将网上资源一网打尽（中文版另有数十个各种中文分类引擎）。

（8）快速设置下载内容。自由控制是否下载图像、音乐、视频文件，节省网页下载时间。

（9）网页链接分类过滤。迅速挑选出你感兴趣的网址，根据你的需要迅速下载网页上链接的资源。

（10）黑名单、群组、收藏夹导入导出等功能。

还有一些不错的浏览器比如：傲游（Maxthon）、Phoenix浏览器、MSN Explorer浏览器等，这里不再详述。

三、离线浏览器

离线浏览器通常只能把一个站点上的指定内容或整个站点镜像下载到本地硬盘上，以便能够快速离线浏览网页的一种工具。目前各种各样的离线浏览器有很多，比如Offline Explorer Pro、Web Zip、Teleport Pro、Leech、Web Reaper等。这些浏览器各具特色，它们大多提供完整的下载和离线浏览功能，有些甚至可以对下载数据进行打包、脱离浏览器进行浏览等。通过这些性能优异的离线浏览器，用户不仅可以永久存储需要的网页，而且可以提高浏览速度，从而使用户减少了联机时间，节省上网费用。

1. Offline Explorer Pro 浏览器

Offline Explorer Pro 除了能下载 HTTP 网站和 FTP 网站外，还具有许多网站开发特性，用户可以很容易地编辑修改下载的网页，并能通过 Offline Explorer Pro 集成的自带浏览器浏览被下载的网页，它允许通过关键字选择服务器、目录和文件。

Offline Explorer Pro 的特色功能有：支持 MPEG3 播放列表文件；支持 HTML、Java Applets、Java Script、XML/XSL、Flash Applets 处理；可把下载文件组合成 Zip 文件；可以自动拨号进行连接；通过关键字过滤下载的网站、目录和文件；最多可同时下载 100 个站点；可下载特定文件类型、文件名或关键字的网页文件；提供命令执行功能。

2. Web Zip 浏览器

Web Zip 离线浏览器操作简便，下载速度也很快，最多能够同时下载 16 个网页或图像文件。其主要功能有：下载整个网站内容或图像文件；能下载 Web 页面、图像、声音或其他多媒体文件；能在下载的同时浏览网站内容；能通过安装运行插件把下载内容编译成压缩的 HTML 格式帮助文件；可把下载内容压缩打包成一个 Zip 文件；提供包括简体中文在内的多国语言支持；能处理受口令保护的站点。

3. Web Reaper 浏览器

Web Reaper 软件操作极其简单，只要输入一个网址就能快速下载一个网站内容。它还允许用户指定要下载的文件类型。其特色功能有：支持 Shock Wave Flash；有多线程下载能力；用户可定制过滤机制，限制搜索深度、搜索范围、下载时间等；支持代理服务器，并处理口令保护的网站；提供命令行执行功能；支持 Get Right，在下载大型文件时可与 Get Right 一起工作。

第2节　网络目录的利用

一、网络目录的概述

互联网上的目录型检索工具称为网络目录（Web Directory），又称为分类站点目录、专题目录或主题指南、站点导航系统等。它是由网络开发者将网络资源收集后，以某种分类法进行组织整理，并和检索法集成在一起的信息查询系统。网络目录一般是通过引导网络用户查询概念（而不是确切的词条）来帮助用户找到所需的网络信息。

1. 目录资源的收集和分类

网络目录一般采用人工方式采集和存储网络信息，也可利用自动功能或由用户递交的方式来丰富和补充资源。人工方式建立的查询工具的信息准确率高于自动方式，但其收集信息的效率和全面性低于自动方式。

网络目录通常是按照网络资源的主题性质进行分类，以某种分类体系为依据，将信息资源分为若干领域的主题范畴，然后再细分为各学科专题目录，最后列出具体的相关网站（资源），形成一个由信息链组成的树状结构，即总目——专题目录——链接——文本。

2. 网络目录结构

一个网络目录包括许多层，最高层（一级）目录页总是将因特网资源分成最大范围、最普通的主题范畴（一般 10～20 个）；主题链接到第二层目录（另一个页面）；然后在第二层目录再分出子目录，一般到第四层。逐层单击，它将会罗列出一层层的目录清单，所有的选择只用鼠标单击链接即可实现。

一个网络目录的层次取决于如下因素：使用的目录、所选的类目和主题。网络目录的多层结构使用户能够通过广泛的主题以及精细调整的类目，查询到符合要求的网站和文本信息。

3. 网络目录分类方法

从分类学的角度来分析，网络目录所采用的分类方法有：主题分类法、学科分类法、体系分类法（即图书分类法）、分面组配法。

(1) 主题分类法。

主题分类法的特征是一个主题充当一个类目，类目像主题词表一样按字顺排列，而不是以逻辑顺序排列。一个类目又可分为若干细目，同位类的细目也是按字顺排列。

主题分类法一般设置 12～18 个一级主题类目，层次一般是 4 级，最后一级就是超文本链接列表（有些目录的链接点包含网页内容简介）。

主题分类法的优点是：以事物分类，与此事物相关的内容全部集中在一起，对交叉学科的主题非常有益；缺点是：容量太小，对网络资源的覆盖率极为有限。

主题分类法是绝大多数网络目录采用的一种分类方法。

(2) 学科分类法。

学科分类法按照学科性质来组织网络资源。“网络指南针”采用的分类法就是学科分类法。

学科分类法的优势：比主题法有更大的容量，内容更有针对性、更具学术性、更符合研究人员的要求。

(3) 图书分类法。

为了提高分类方案的容量，对网络资源进行大规模的组织和整理使图书分类法有了用武之地。它以科学体系为基础，容量上占优势；各层次的网络用户都了解或熟知图书分类法；图书分类法更新及时，基本满足动态的网络信息分类；图书分类法有机读版，网络目录可直接套用。

(4) 分面组配法。

分面组配法的原理是首先确定几个分类标准，即分面；再确定每个分类标准中的若干特征值，即类目，每一分面的类目与其他分面的类目分别组配，形成许多组配类目，达到细分的目的。分面组配法专指度高，因而具有较高的查准率。

4. 网络目录与搜索引擎的比较

从使用角度来看，网络目录的最大的特点是网络用户在查询信息时可以事先没有特定的信息检索目标（关键词），可以按照模糊的主题概念，在浏览查询中分步骤地组织自己的问题，通过分析和匹配自己的思维逻辑和概念的组织过程获取所需信息，逐步明确检索概念的范围和检索需求。但是使用网络目录检索信息时首先要选对正确的路径。

网络目录适合于仅需要对某一专业或专题进行全面了解的检索要求。

(1) 网络目录与搜索引擎的不同。

利用网络目录进行信息检索的过程为：首先给出广泛的分类主题，然后用户去选择需要的主题，接着找到更具体的主题进而发现需要的信息。

利用搜索引擎进行信息检索的过程为：首先要求用户需要有明确的检索词；其次还要具备一定的检索知识，了解逻辑组配语法；最后还要了解每个搜索引擎的语法规则和检索符号的不同。

通过二者的比较可知，网络目录具有以下的特点：

1）网络目录中的网页是由专家人工精选的，故网页内容丰富，学术性强。

2）分类浏览方式直观易用，适合多数网络用户和新手。

3）当用户检索目的不明确，检索词不确定时，分类浏览方式更为有效。

4）有较高的查准率。

(2) 网络目录间的差异。

互联网上的信息丰富，不能完全逐一分类，因而不同的网络目录在内容收集、目录分类和浏览方式等方面都有所不同，具体体现在以下几个方面：

1）收集方法不同。每个网络目录为收集内容使用了不同的方法，因此查询不同的目录会得到不同的网点。

2）目录分类不同。每个网络目录编辑内容的方式和类目的组织方法不同。如果寻找同一主题，会发现不仅链接的网点不同而且子类别的子题目也不同。

3）浏览界面不同。每个网络目录的显示菜单和页面的方式不同，易操作的界面更受用户欢迎。

二、Open Directory Project

Open Directory Project（ODP）是仅次于 Yahoo 的人工操作资源目录索引。与 Yahoo 不同的是，ODP 的编辑人员均为志愿者。

1. ODP 的由来

ODP 诞生于 1998 年，因为一个程序员对 Yahoo 的更新不及时和总是出现的老链及死链不满，于是他便在 Internet 发出倡议，请求位于全球各地的 Internet 用户都志愿来帮助编辑这个目录，并取名叫 Gnuhoo。在不到半个月的时间里，Gnuhoo 就有了 200 名志愿编辑，建立了 2 000 个分类，收集了 27 000 个站点，取得了最初的成功之后 Gnuhoo 改名为 Newhoo，更加清楚地表明了这个目录的含义。Newhoo 发展极为迅速，编辑人员迅速增加到了 1 200 名，收集了 40 000 个站点，而这一切发生在五个星期之内。

1998 年 11 月，Netscape 收购了 Newhoo，并把 Newhoo 改名为 ODP，决定任何组织和个人都可以在自己的网站上使用 ODP 数据库的复制。Netscape 把 ODP 放在了它用于公开浏览器源代码的 Mozilla 网站上，网址为 http://www.dmoz.org/，主页如图 4—12 所示。

2. ODP 的分类

ODP 主页比较直观，只有分类目录（很多著名的搜索引擎目录服务使用的都是它的数据）。它将所收集的站点分为十七大类，分别是 Arts（艺术）、Game（游戏）、Kids&Teen（少儿娱乐）、Reference（参考文献）、Shopping（购物）、Business（商业）、Health（健康）、News（新闻）、Regional（地区分类）、Society（社交）、Computers（计算机）、Home（家庭）、Recreation（娱乐消遣）、Science（科学）、Sports（运动）以及 World（区域性分类）。其区域性分类在主页的最下方，提供各种语言的资源数据。

近年来，随着计算机网络的发展，很多青少年甚至儿童都开始使用网络，所以 ODP 的关于儿童搜索的分类是很值得关注的。中国的一些网络资源目录，现在也有了专为儿童提供的分类索引。

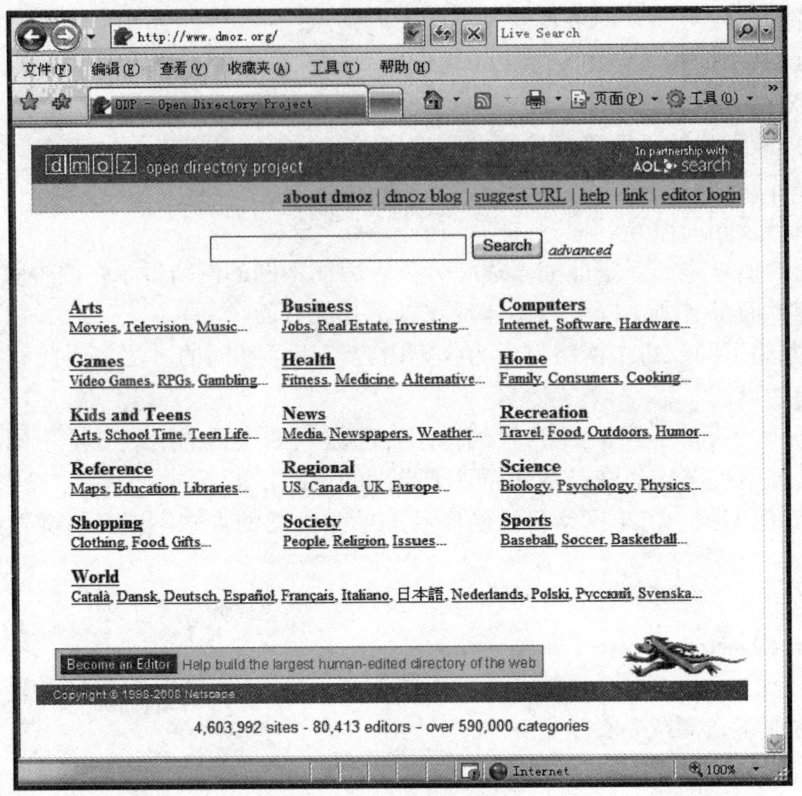

图 4—12 ODP 主页

ODP 几乎每天都在发生变化，开放管理模式既是 ODP 的优势和发展基础，同时也存在一些弊端。在与 Netscape 结合之前，由于 Newhoo 的编辑人员分散在全球各地，相互之间缺乏交流，他们的合作容易产生矛盾。例如一个编辑刚添加了一个网站后，另一位编辑很快就将之删掉。与 Netscape 结合之后，ODP 逐步建立起了内部论坛，并按照层次结构来组织编辑人员。随着编辑之间交流的加强，原来的混乱局面得到了改善，ODP 的很多内容也相对稳定下来了。

三、其他优秀网络目录简介

其他英文网络资源目录主要包括：LookSmart、galaxy、About 和 AskJeeves，中文网站目录主要包括新浪和搜狐。

1. LookSmart

LookSmart 也是主要的目录索引之一，向包括 MSN、AltaVista、Excite（已被 InfoSpace 收购）等在内的其他搜索引擎提供目录搜索。它的网址是 http://www.looksmart.com/，主页如图 4—13 所示。

LookSmart 是人工目录集合网站，1995 年成立于澳大利亚，其目标就是在互联网上帮助人们找到他们要寻找的东西。该公司没有自己的站点，但丝毫不影响人们的使用。与 Inktomi 相似，LookSmart 向其他搜索引擎提供搜索结果。

LookSmart 搜索引擎提供三种搜索方式，即目录搜索（Directory）、网站搜索（Web）、文件搜索（Article）。目录搜索集合了所有的人工编辑目录；网站搜索覆盖 14 亿网页；文件搜索从 700 多家出版刊物搜索 350 万个文件。

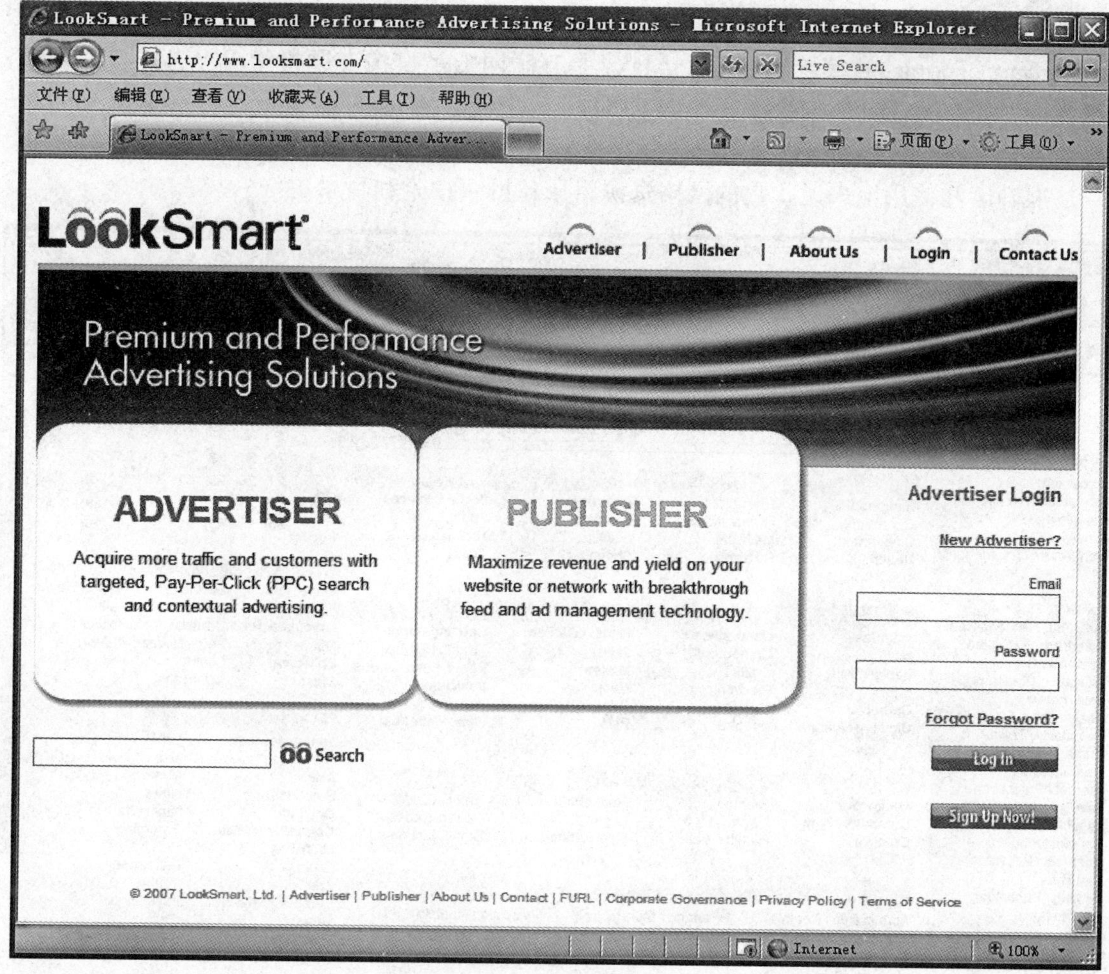

图 4—13　LookSmart 主页

LookSmart 在网站结构和内容上与其他目录索引大同小异，其目录中的网站也是根据字母顺序排列的。它使用 Inktomi 的数据库提供二级网页搜索。

LookSmart 是网上主要的商业搜索提供商和网上搜索解决方案开发商。LookSmart 的搜索结果通过顶级门户、互联网服务提供商、搜索引擎服务提供商等提供给用户，如 Lycos、RoadRunner、InfoSpace、CNET、Inktomi。LookSmart 总部位于圣弗朗西斯科，同时在纽约、洛杉矶、底特律、蒙特利尔、伦敦、东京、墨尔本和悉尼均设有办事处。

LookSmart 以其独特的搜索技术、11 亿多索引文档以及专业的编辑目录向合作伙伴及搜索用户提供行业领先的搜索结果。

LookSmart 搜索技术采用分析超链接文本、网页重要度、用户反馈、人工编辑输入的方式，确保结果的相关性。

LookSmart 整合传统的集中漫游搜索和 Paradigm-Shifting 分布漫游搜索模式，建成含有 25 亿 URL、11 亿索引文档的网络索引目录。LookSmart 的编辑目录分类达 30 万个，收录内容涉及 33 个地域市场、13 种不同语言、400 多万个网站。

2. galaxy

galaxy 成立于 1994 年 1 月，是由网络信息服务公司 EINet 开发的，1999 年 5 月成为 Fox/News Corporation 家族的一员。galaxy 是互联网上最早按专题检索 WWW 信息的网络目录之一，是一个提供全球信息和服务的网上指南。它的网址为 http://www.galaxy.com/，主页如图 4—14 所示。

从准确度和使用上来说，它的网络资源目录比网页搜索和目录更好一些。

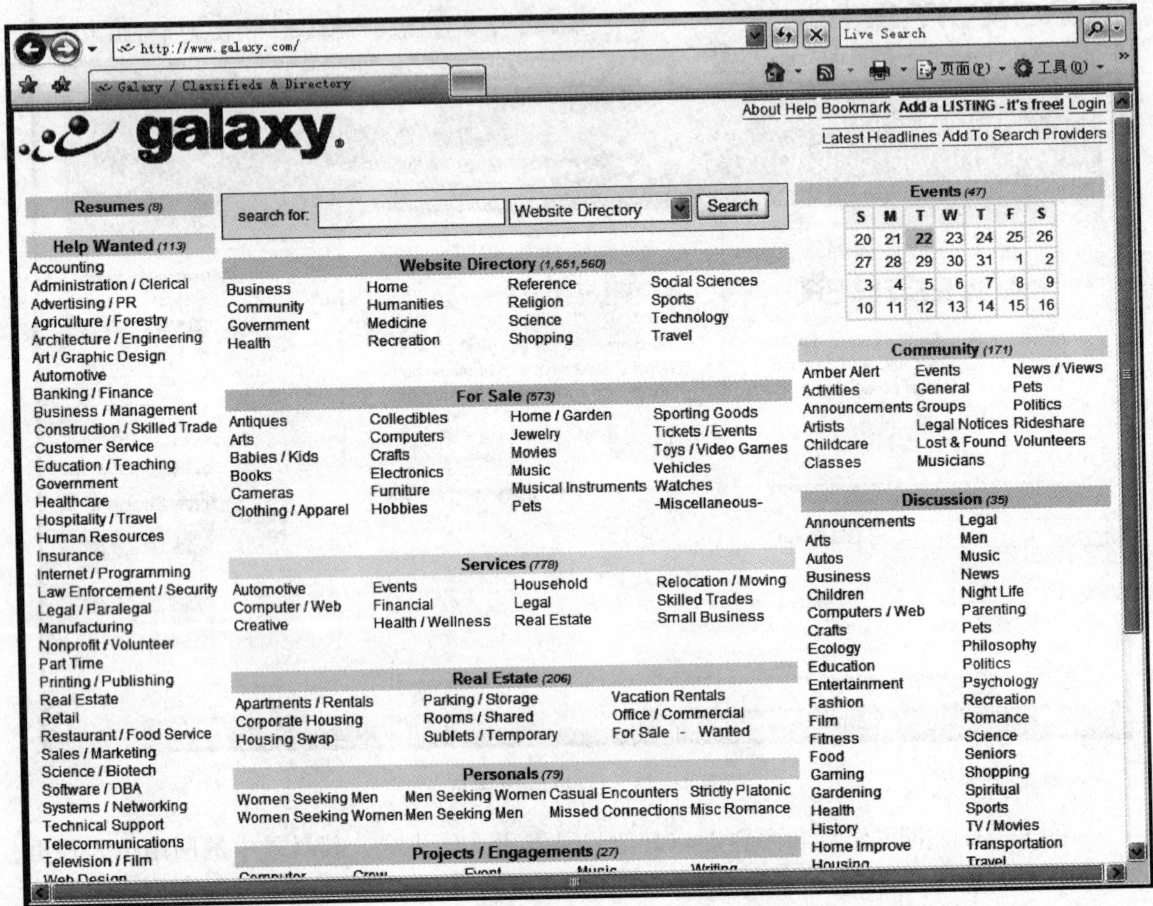

图 4—14 galaxy 主页

3. About

About 是规模较小的人工操作（Human Reviewed/Manually Picked）目录索引，主要由编辑人员在互联网上寻找有收录价值的网站或网页，然后分门别类列出链接索引。当然“站长”（Web Master）也可主动向其提交网站，申请 About 收录，但这项工作很不容易。如想登录成功，必须有充分的理由说服编辑人员，不过一旦编辑人员同意接收你的网站，则会很快会被列入目录。

About 的二级网页搜索由著名搜索技术开发商 Inktomi 提供，主页如图 4—15 所示。

(1) 目录分类。

About 的主目录分类比一般的网络目录详细，分为 21 个类目，分别是：汽车、商业和金融、城市、计算技术、教育、电子电玩、娱乐、食品饮料、健康、业余爱好和游戏、家庭

图 4—15 About 主页

和花园、事业工作、新闻热点、父母和家庭、人际关系、宗教信仰、购物、运动休闲、时尚、旅游和计算机游戏。它的网站分类只有三阶目录，在一阶目录下就可以看见具体的二阶分类和三阶主题，浏览起来非常直观，很快就可以知道所需要的网站在哪个目录下。

除了通过分类的方式来浏览目录，About 还提供按站点类别名称首字母的排列顺序来浏览的方式。排序的站点类别主要是以最后一阶（即三阶类别名）的类别名称来排列的。

（2）结果显示。

站点浏览结果在每个大类的三阶目录下，对于每个站点，编辑人员会注有两到三行的描述，并且标有其网站的更新日期。

About 支持关键字和与运算检索，主要是在它收录的登录站点中进行检索，检索结果基本上都是网站，每页显示 10 条，同样标有描述和更新日期。

4. AskJeeves

AskJeeves 的网址为 http://www.ask.com/，主页如图 4—16 所示。

AskJeeves 是人工操作目录索引，规模不大，但很有特点。与其他关键词搜索引擎不同，AskJeeves 被设计成回答用户提问的自然语言引擎。搜索时，它首先给出的是数据库中可能存在的答案，然后才是网站链接。

AskJeeves 曾是著名搜索引擎 Direct Hit（2002 年 4 月被关闭）的母公司，在 2001 年年末收购了全文搜索引擎 Teoma 并与之进行整合后，其搜索能力得到了进一步的加强。

5. 新浪

新浪是全球范围内最大的华语门户网站之一，是国内网民最常访问的网站，其网址为

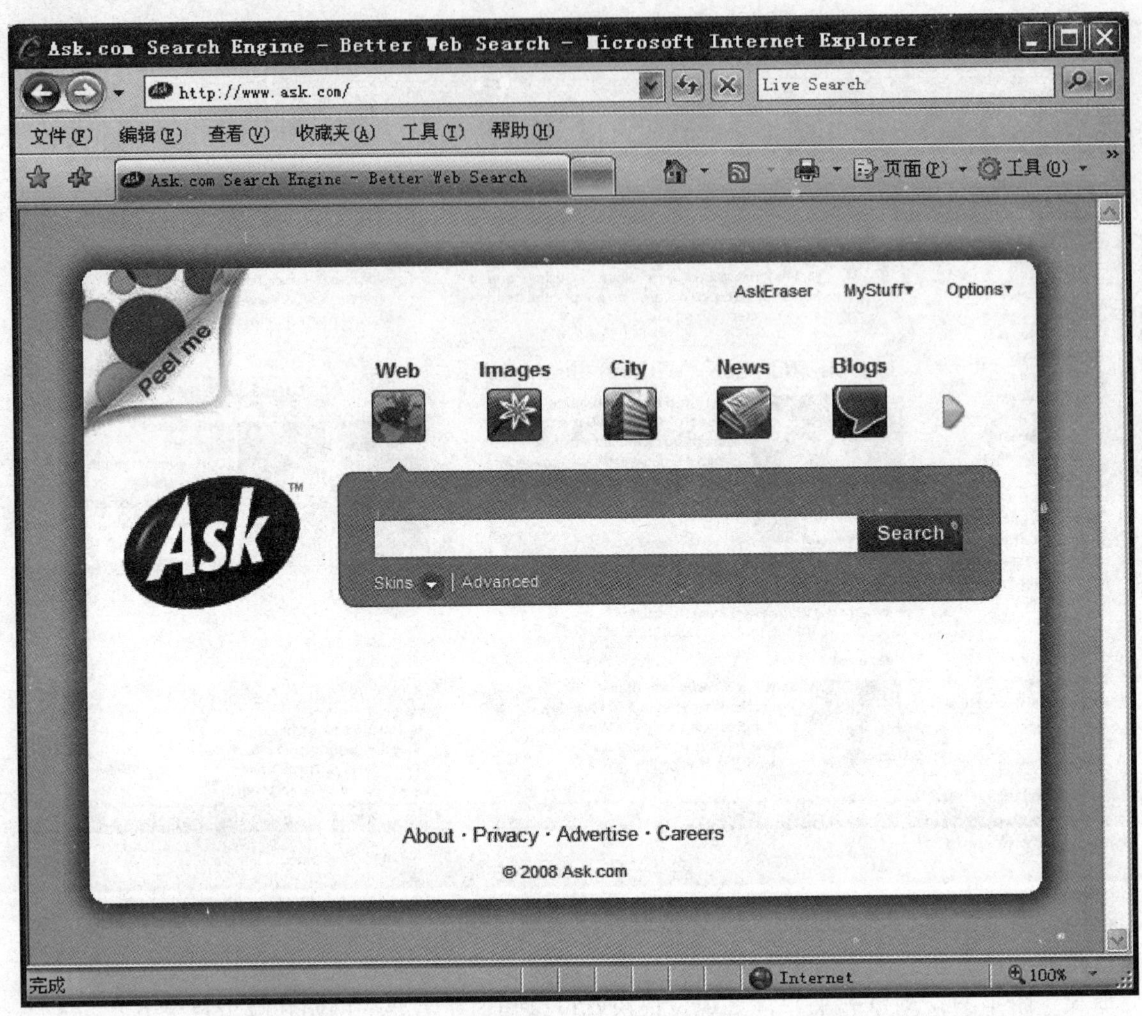

图 4—16 AskJeeves 主页

http://www.sina.com.cn。新浪是个综合性的网站，提供的服务很多，网站目录只是其中之一。新浪搜索的网址为 http://dir.iask.com/，主页如图 4—17 所示。

（1）目录分类。

新浪的目录索引是独立自建的，共设 18 大类目录，10 000 多个子目，收录网站达 20 万，是规模最大的中文网络资源、目录之一。

（2）搜索服务。

采用百度搜索引擎技术，提供网站、中文网页、英文网页、新闻、软件、游戏等查询项目，并且支持中文域名。

其搜索规则为默认综合搜索，涉及网站、网页、新闻等内容。网站搜索仅限于自身目录中的注册网站。网页搜索时，调用百度搜索引擎进行查询，具备相关搜索功能，如检索有“清华大学”的信息，会自动列出“北京大学”等其他院校的链接供查询。网站排名根据目录及同站信息与搜索条件的关联程度确定。

（3）结果显示。

搜索结果上方会显示浏览路径，如：“体育健身＞赛事＞奥运会＞2008 北京奥运会”。

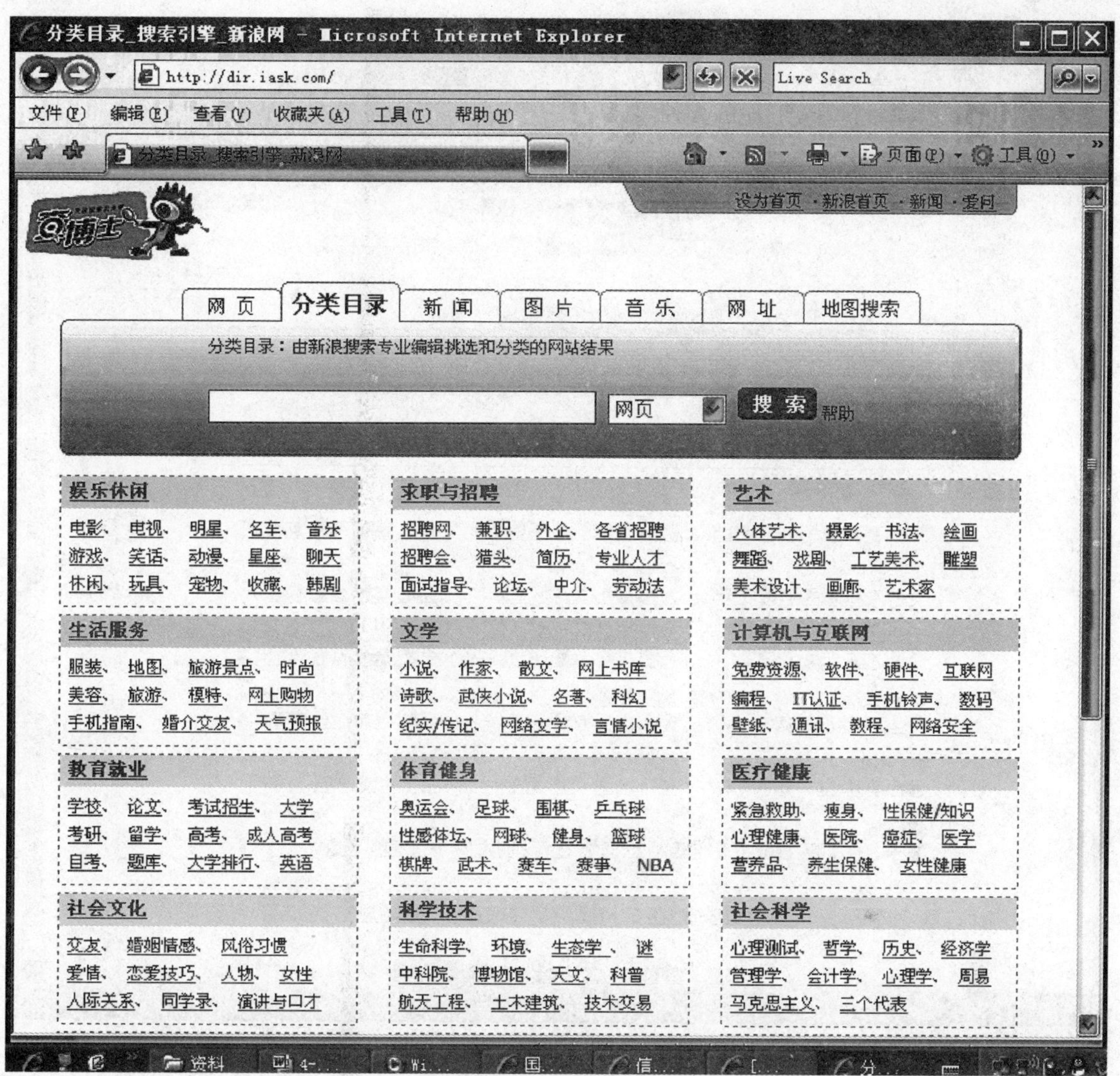

图 4—17　新浪搜索主页

一般新浪的分类在 3～6 阶，就会有详细的站点列表，并且每个站点后会有一点简短的描述。

6. 搜狐

搜狐是国内著名的门户网站，也是国内最早提供搜索服务的站点。互联网概念在国内的普及，搜狐功不可没。在 2001 年年初，由 CNAZ（中文网站评估认证网）举办的搜索引擎网络专项功能排名调查中，搜狐名列第一。

（1）目录分类。

搜狐没有独立的目录索引，并采用百度搜索引擎技术，提供网站、网页、类目、新闻、黄页、中文网址、软件等多项搜索选择。搜狐搜索范围以中文网站为主，支持中文域名、搜狐目录如图 4—18 所示。

（2）搜索规则。

网站搜索（默认）时，范围仅限于自身目录中的注册网站。但在目录中没有相应记录的情况会自动转为网页搜索，网页搜索时则调用百度进行检索。此外，用户还可以选择“综

图 4—18 搜狐目录

合”搜索同时查找匹配的网站和网页。

(3) 结果显示。

在返回的结果中，网站链接显示在页面上半部，而来自百度搜索引擎的网页结果则列于页面下半部。

四、专业目录的使用

专业目录也称目标目录，顾名思义，它是将所收录的资源放在某一特定的主题或知识领域中。正如人们总是使用一本特定主题的工具书来回答一个具体的问题一样，使用专业的检索工具更能节省时间，能快速、准确地查找网络上的专门信息。

专业目录是由某一特定专业主题或信息领域的人所编辑的网络资源指南，一般由主体专家编辑。他们主要关心收录目标目录的资源的质量、权威性、可靠性。收录专业目录的标准比通用网站目录更加严格，而且往往是注解详细，几乎可以起到网络资源摘要的作用。下面介绍两种专业目录。

1. EEVL（爱丁堡工程虚拟图书馆）

EEVL 是一种 Internet 工程信息指南，网址为 http://eevl.ac.uk/，主页如图 4—19 所示。它提供免费业务，由 Heriot-Watt 大学的一个信息专家小组建立并运作，英国的其他许多大学也参与了工作。该网站由一个高质量的工程资源目录（由主题咨询人员选择）、目标工程搜索引擎及事件数据库组成，包括编制书数据库的最新进展、一个科技图书管理员的目录、Internet 目录工程及有用网站的热链接。这些网站采用许多专门的方法把检索限制在特定类型的信息上。不过现在 EEVL 的专业目录已经转移到了 intute（http://www.intute.ac.uk/）上。

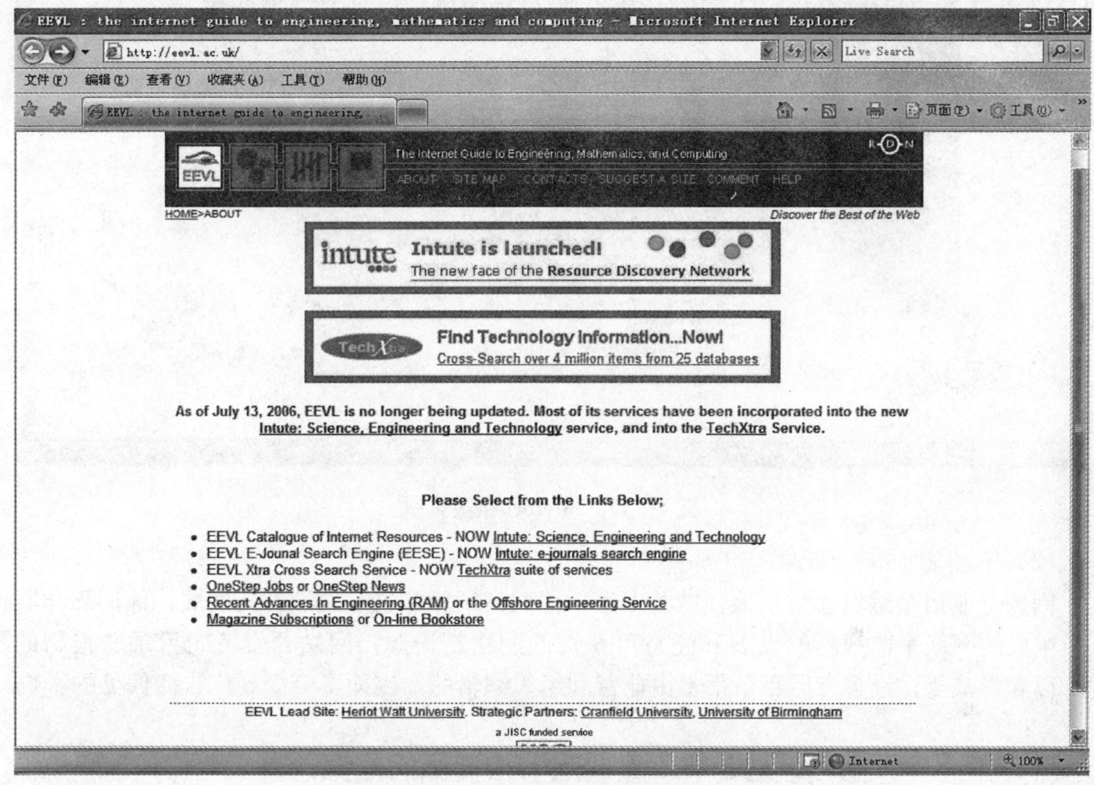

图 4—19　爱丁堡工程虚拟图书馆

2. Internet 精英索引

Internet 精英索引的网址为 http://www.fuld.com/fuld-bin/f.wk?fuld.i3.home，主页如图 4—20 所示。这个网站用以帮助用户收集竞争对手的信息，它包括 600 多个有关 Internet 网站链接，内容从宏观经济数据到个别专利和股票报价信息，应有尽有，由 Fuld & Company 公司维护。

与通用的网络资源目录如 Yahoo 或 LookSmart 相比，专业目录有几点优势：

（1）主题覆盖面较全。

专业目录收录的许多网站或网页可以通过通用网络资源目录获得，但是，专业目录对某一具体主题领域覆盖得更为全面。

（2）内容新颖权威。

编辑和维护专业目录的人员对更新目录具有浓厚兴趣，通常与其同事或其他专家开发的目录关系密切。收录新的内容和保证内容的权威性对他们来说是有关荣誉和职业声誉的问题。

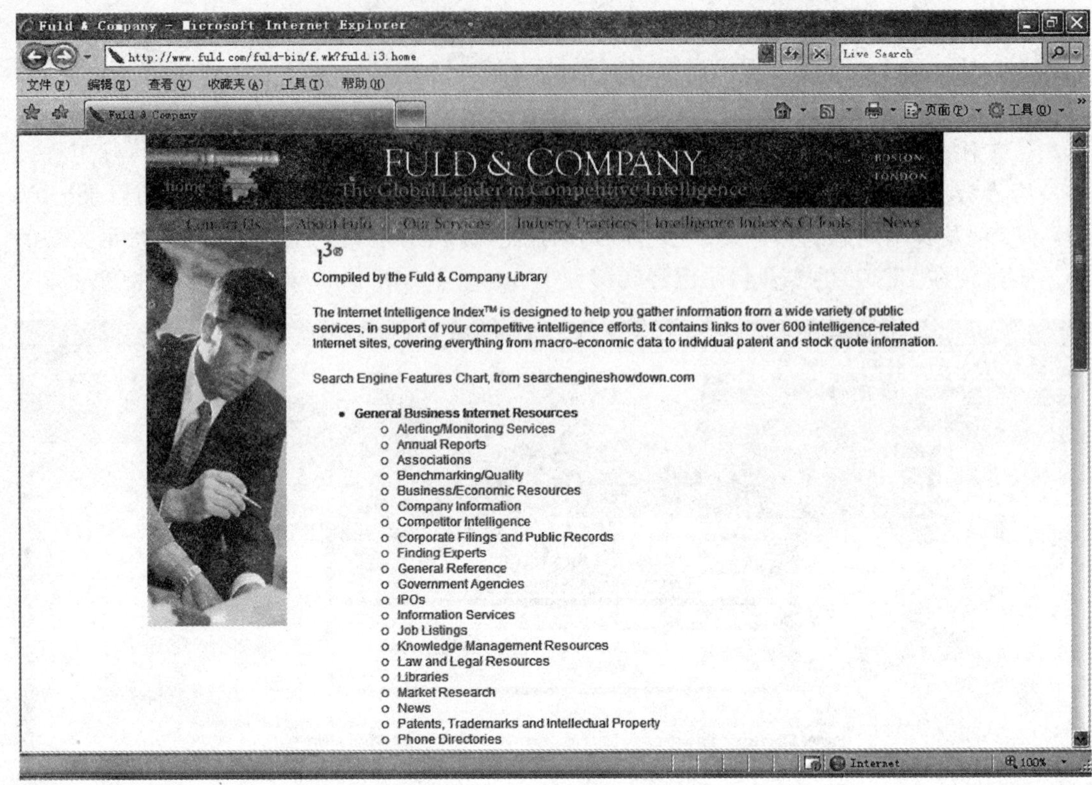

图 4—20 Internet 精英索引

（3）不断增加新的资源。

因为专业目录编辑通常是该领域的专家，他们密切跟踪这一领域的新发展；他们靠与其他人员组成的网络来监视新的发展和注意可获得的网络新资源；网站开发者向目录通报新的资源，以赢得威望；许多专题目录都是由非营利组织编辑的，因而不会受到广告商偏见的影响。

第 3 节　虚拟图书馆资源的挖掘

一、虚拟图书馆概述

1. 虚拟图书馆及相关概念

图书馆的主要功能之一是对信息资源进行有序化组织。传统的图书馆收藏的大都是文献信息，有序化组织的手段是采用有关著录标准进行著录而形成卡片式目录，包括主题目录、分类目录、题名目录、作者目录等。随着计算机技术的诞生和快速发展，图书馆成为计算机技术应用的首批领域之一，传统的著录标准无法适应计算机管理，于是就出现了满足图书馆自动化系统中文献信息有序化组织的 MARC 著录标准。20 世纪 90 年代以来，国际互联网在全球范围内快速发展，Internet 用户成倍增长，以网页、网站的形式在互联网上传播的信息资源呈指数上升。根据美国《科学》杂志 2001 年上半年发表的一份研究报告，Web 上的网页资源已达 300 多亿页，再加上印刷型文献信息也纷纷进行数字化处理，进入互联网，怎样有效地利用这些网上信息资源已成为全球性的一大课题。目前，对网络信息资源进行有序化处理的方法主要有两种：一是众所周知的搜索引擎，二是由图书馆界或其他人员采用相关著录标准对信息资源进行著录。由第一种方法建立起来的检索系统，由于采用的是自动标引，检索效率低。采用第二种方法对信息资源进行著录也不现实，这是因为即使不考虑著录标准的烦琐程度，仅仅从完成网络信息资源的著录所需的人力和成本来说，在客观上已非图书馆界所能承受。于是人们把目光纷纷投向虚拟图书馆。虚拟图书馆从本质上讲是一个专业性的搜索引擎，一般是采用人工著录的方法。它将互联网上某一特定领域中的网页收集起来，作为一次文献，然后对其进行标引和著录，著录的结果形成以款目的形式构成中央数据库，在中央数据库的基础上抽取有关著录项目形成相应的倒排档。当用户检索时，输入检索词，在相应的倒排档中进行匹配，根据匹配后的结果调出中央数据库中相关款目，显示在计算机屏幕上，并给出相应网页的 URL，供用户进一步浏览一次文献。

提出虚拟图书馆这一概念的是美国人卡耶（Gapen D. Kaye），1992 年他在一篇论文中将虚拟图书馆定义为“利用电子网络获取信息与知识的一种方式”，这较好地反映了虚拟图书馆的本质，即网络化和信息利用。所谓虚拟图书馆实质上是一种 Internet 利用工具，它针对某一学科或领域的研究者的需要，将 Internet 上与之有关的各种资源线索，包括与该学科或领域有关的研究机构、实验室、电子书籍、学术期刊、会议论坛、专家学者等的 URLs（包括 http、Gopher、ftp、Usenet 等）系统地组织起来，存放于某一网页，供用户浏览或者检索。用户在访问某一学科的虚拟图书馆的网页时，通过激活相关的网络线索即超链接，就可以浏览到大量相关资料。由于虚拟图书馆按照学科或领域为单位汇集了大量原本零散的网络信息，使人觉得它的功能就像一个图书馆一样，但这个“图书馆”存在于网络，没有实地的场所和馆藏，因而又是虚拟的，这是人们最初称之为虚拟图书馆的缘由。

2. 虚拟图书馆与数字图书馆的比较

为了更好地阐述虚拟图书馆的概念，有必要对虚拟图书馆和数字图书馆这两个概念加以辨析说明。两者都是外来语，数字图书馆翻译自“Digital Library”，它是一个与传统图书馆相对应的概念，是伴随着计算机技术在图书馆中的应用而出现的，它的实现原理是利用键盘输入或光学字符识别输入将原有馆藏数字化，以数字化形式存储之后，并在硬件条件具备的情况下，将原有馆藏置于互联网上，并通过互联网供远程用户检索、查询和利用（即网络化）。虚拟图书馆则翻译自“Virtual Library”，它是伴随着 Internet 的产生而出现的概念，是将某一学科或领域的相关 Internet 资源的线索汇集之后，以主题树或数据库方式结合超文本链接提供给网页浏览者。两者相比，前者重点在于馆藏信息数字化、网络化；而后者则强调对相关 Internet 一次网络文献的网罗、搜集与组织。

国内的许多学者，往往将虚拟图书馆和数字图书馆等同起来。他们大多是从图书馆视角出发，认为图书馆经过数字化处理和网络化发展之后，其服务已经不再局限于物理意义上的馆藏，因而又可称数字图书馆为虚拟图书馆。这种想法从理论上讲有一定道理，但是现在人们在 Internet 上所见的各种形形色色的虚拟图书馆，实质上仍是指网络信息线索的汇集。

需要指出的是虚拟图书馆和数字图书馆并非各自孤立，二者都是计算机技术高度发展的产物，二者的目的都是为了向用户提供信息服务。图书馆在将馆藏资源数字化之后，紧接着是将馆藏电子文献上网，并专门设立网页，这样网上的数字图书馆资源也成为虚拟图书馆信息搜集对象的一部分。而图书馆员通过访问虚拟图书馆站点，又可以获得某一学科的大量信息，通过下载而充实自己的馆藏，从这个角度而言，虚拟图书馆和数字图书馆又是紧密相连的两个概念。

3. 虚拟图书馆设计原理

虚拟图书馆是伴随着互联网的产生而出现的概念，其主要功能是将某一学科或领域的相关网络资源的线索汇集之后，以主题树或数据库方式结合超文本链接提供给网页浏览者。因而对于虚拟图书馆设计和开发者而言，要做的工作包括：网络信息搜集、网络信息组织以及网络信息发布。

（1）网络信息搜集：即对某一学科或领域有关研究机构、实验室、相关电子书籍、电子期刊、会议论坛、及专家学者等的 URLs 进行全面而完整的搜索。搜索工作可由人工完成；也可通过编制网络自动化搜索及索引软件，将烦琐的人工劳动交由计算机去完成。利用前种方式，链接站点经人工筛选，误排率较高，但效率较低；利用后种方式，可以节约大量搜索时间，但对软件编写提出了较高的要求。

（2）网络信息组织：包括主题树和数据库两种组织方式。所谓主题树组织方式，就是将所有获得的资源按照某种事先确定的概念体系结构，分门别类地加以组织，用户通过浏览的方式逐层加以选择，层层遍历，直到找到所需要的信息线索；所谓数据库组织方式，就是将所有获得的资源按照固定的记录格式存储，将数据方式和超媒体相结合，既避免了检索语言的复杂性，又在虚拟信息不稳定的情况下，对变化的数据记录加以注释或编制新的书目记录，用户通过关键词及其组配查询，就可以找到所需要的信息线索。利用主题树组织方式，要求体系结构不能过于复杂，每一类目下的索引条目也不宜过多；数据库组织方式，对于信息处理更加规范化，但对用户提出了一定的要求，要求用户掌握一定的检索技巧，包括关键词及其组配的选择等。虚拟图书馆建设常采用数据库组织方式。

（3）网络信息发布：一般采用 WWW 信息发布技术。WWW 是当前 Internet 上最受欢迎、最为流行、最新的信息检索服务系统。它把 Internet 上现有资源统统连接起来，使用户能够在 Internet 上查找已经建立 WWW 服务器站点（Site）所提供的信息资源。WWW 把各种类型的信息（静止图像、文本、声音和影像）天衣无缝地集成起来，并提供图形界面下的快速查找，使用同样的图形用户界面可与 Internet 上其他服务器对接。WWW 为世界提供了查找和共享知识的手段，形成了世界上各种组织机构、科研机关、大专院校、公司厂商甚至个人用于研究开发、共享的知识集合。WWW 连接了世界各大图书馆，组成了 20 世纪最大的信息库。科技工作者通过环球网可以了解科技发展的最新动态，互相交流学术思想，进行广泛的国际合作。

二、虚拟图书馆资源及其利用

目前，国内外已经有大量规模不等的虚拟图书馆，有区域性的和跨地区的虚拟图书馆，也有全国范围的虚拟图书馆，还有按专业建立的虚拟图书馆。在这里给大家介绍几个比较好的虚拟图书馆资源。

1. WWW 虚拟图书馆

WWW 虚拟图书馆的网址是 http://vlib.org/index.en，主页如图 4—21 所示，包含了丰富的 Internet 学术资源，与其他商业目录不同的是它是一个由各个专业领域的志愿者提供资源并完成组织的虚拟图书馆。尽管它并不拥有世界上最大的分类目录，但它仍就被认为是世界上质量最高的虚拟图书馆。WWW 虚拟图书馆在世界上有上百台服务器。

登录该网址后，可以看到 WWW 虚拟图书馆的 TopMap 页面，即分类列表，该页面支持四种语言的显示，它把学术信息资源分成 16 个类目，分别是：农业、信息与图书馆、艺术、商业经济、国际事件、计算机、法律、通信与媒体、娱乐、教育、区域学习、工程、科技、人文、行为科学、社团类，在这些类目下面，还有更细层次的划分。用户可以激活其中的一类信

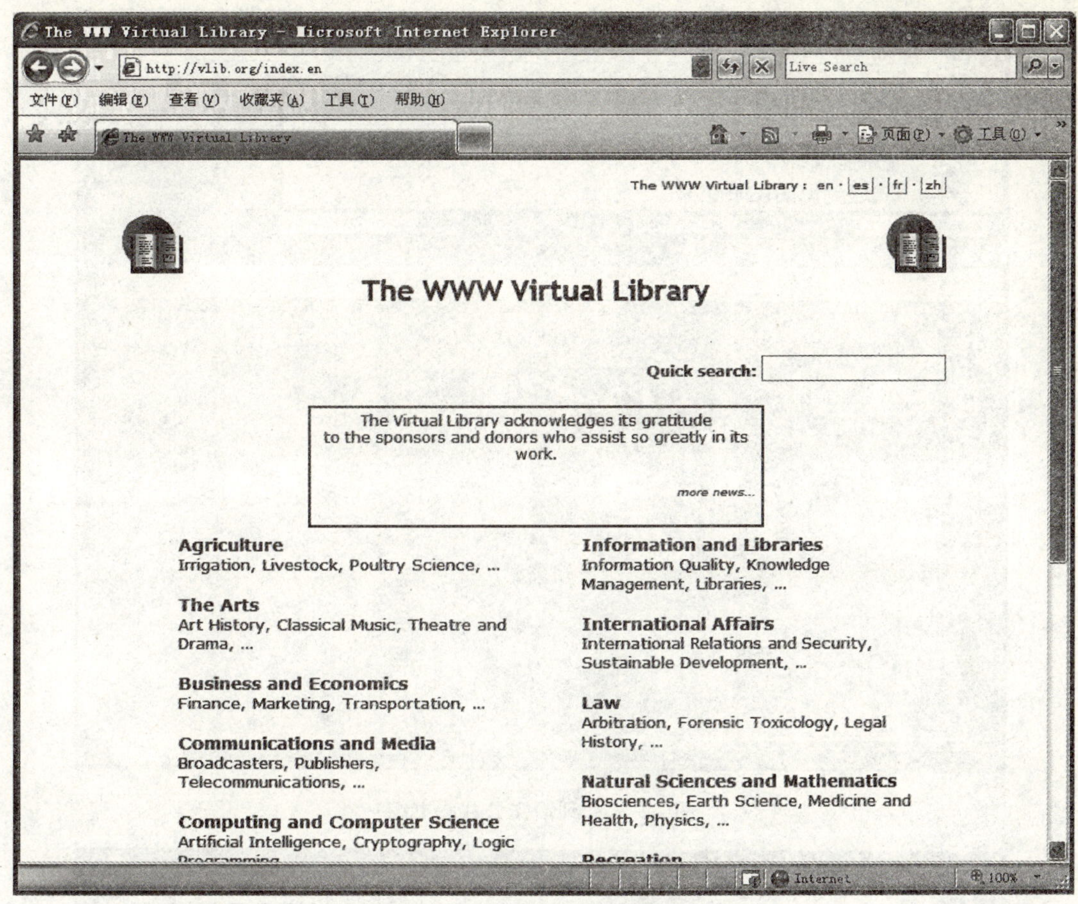

图 4—21 WWW 虚拟图书馆

息，在其下面有相关的会议（Conferences）、邮件（E-mail）、组织（Groups）、专业社团（Professional Societies，ES）、期刊（Journals）、服务机构（Information Services）和其他一些信息的链接。单击链接可以跳转到相关的网页，以方便用户获得各类学科的信息资源。

WWW 虚拟图书馆的主页还提供了 Quick Search 检索功能，用户可以输入关键词进行相关资源的查找，十分方便。

2. 列治文公共图书馆

列治文公共图书馆网址是 http://www.yourlibrary.ca/，主页如图 4—22 所示，是亚洲网络资源查询系统，可按国家、类别查询所需资料。

3. 化学虚拟图书馆

WWW Chemistry Resources（化学虚拟图书馆）主页如图 4—23 所示，网址是 http://www.liv.ac.uk/Chemistry/links/links.html。

4. 虚拟运输图书馆

虚拟运输图书馆（Bureau of Transportation Statistics）的网址是 http://www.bts.gov/，提供了所有运输方式的目录，提供链接到学术机构和非营利性组织站点服务。

5. 澳门虚拟图书馆

澳门虚拟图书馆的网址是 http://www.macaudata.com/，提供了澳门的文化、学术、艺术类信息的查询。

图 4—22 列治文公共图书馆

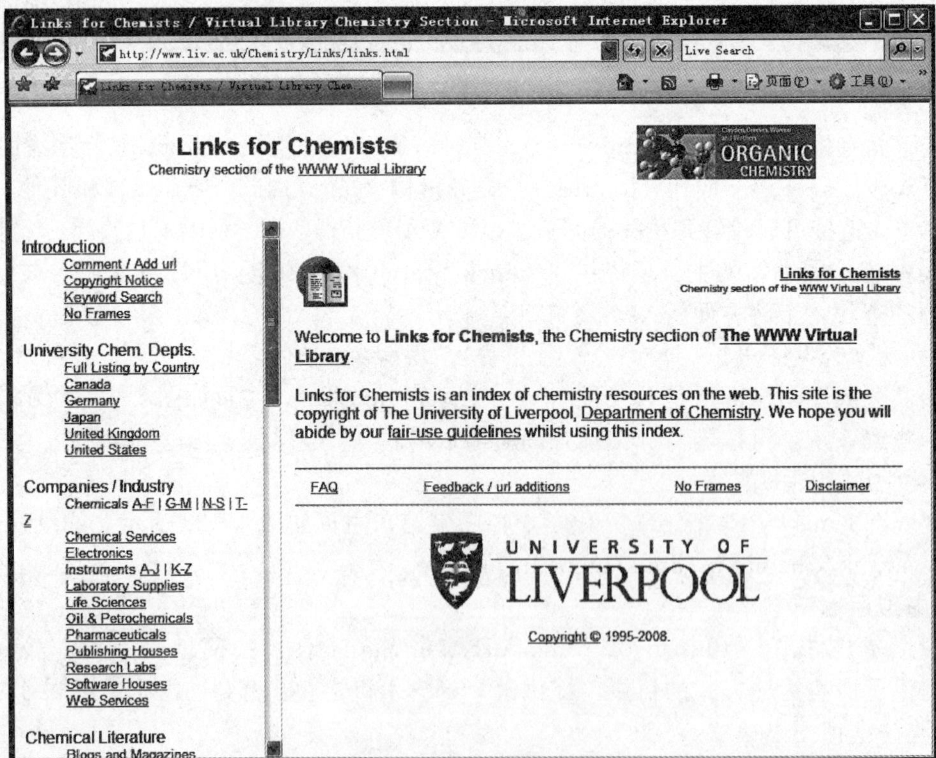

图 4—23 化学虚拟图书馆

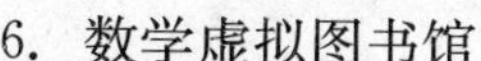

6. 数学虚拟图书馆

数学虚拟图书馆（Mathematics WWW Virtual library）的网址是 http://www.math.fsu.edu/Virtual/。

7. 清华大学虚拟图书馆

清华大学虚拟图书馆的网址是 http://www.lib.tsinghua.edu.cn/chinese/virtual/。

8. 大英图书馆

大英图书馆的网址是 http://www.bl.uk/。

复习思考题

1. 熟悉 IE8.0 浏览器的各项设置。
2. 网络是在不断变化着的，其中的资源也在不断地更新，网络的服务也越来越贴近我们今天的生活，到搜狐去看看它提供什么新服务。
3. 找一个自己关心的话题，分别到搜狐和 Open Directory 去逛逛，看看谁提供的网站或网页资讯多，提供的信息质量更高。
4. “虚拟图书馆”的概念是什么？
5. 如何利用专业的网络资源目录，寻找到可靠的、高质量的资料？

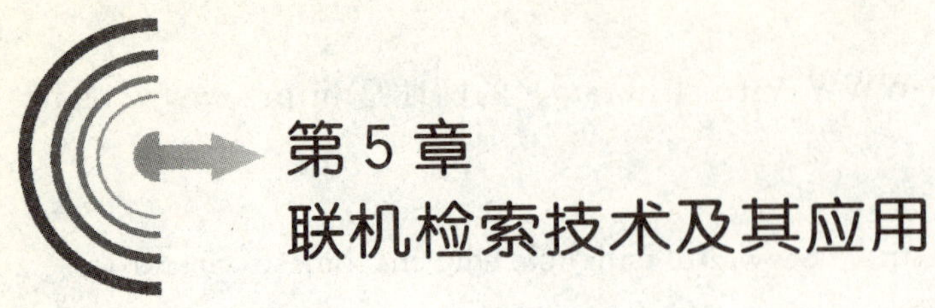

第5章 联机检索技术及其应用

上海市一家保温瓶厂，自力更生进行科技攻关，花了多年时间，投入了上百万元的经费，解决了以镁代银镀膜工艺，准备申请国家发明奖，但是经上海市科技情报所检索信息后才发现英国一家公司早在1929年就为此项工艺申请了专利。该专利的法定保护期已满，这项技术已经成为公知公用的技术，直接拿来使用就可以了，不需要支付任何费用，而且保温瓶厂旁边的科技情报所就收藏了这项专利说明书。

本章重点知识

- 联机检索的基本概念
- 主要联机检索系统
- DIALOG检索系统命令的特点和用法

第1节 联机检索概述

一、联机检索的概况

20世纪70年代，互联网还未在全球大规模兴起，但是一些国家和商业性联机检索系统已在小范围内实现信息资源共享，即国际联机检索系统。其中较为著名的几大国际联机检索系统有：DIALOG、Questel-Orbit、STN、ESA-IRS及OCLC First Search等国际联机检索系统。随着计算机技术的发展，联机检索系统也在不断地发展、完善，在世界各地拥有了越来越多的用户，在很大程度上满足了用户快速、方便地检索各种信息资料的要求。随着互联网网络技术的快速发展，用户可免费从网上获取的丰富资源，尤其是20世纪末各工业产权局开始提供免费的专利数据资源，对这些商业性国际联机检索系统的信息服务在一定程度上造成了冲击，但这些世界著名的国际联机检索系统多年来不断地开发和强化检索功能，以更新、更快捷、更大信息量来迎接各种挑战，使联机检索技术得到了快速的发展。尽管联机系统使用费用比较昂贵，但从检索资源的信息量、系统性、完整性、准确性、深度加工和标引、检索功能、显示和统计、数据更新等方面而言，商业联机检索系统仍然有很大的发展潜力与市场。

二、联机检索的特点

（1）超级检索功能。检索入口多，使用灵活方便，可采用单词检索、词组检索、截词检索、布尔逻辑检索和位置逻辑检索等，能实现快捷、精确的检索。

（2）信息资源庞大、密集，数据库种类多，学科覆盖面广，信息组织有序、规范，可同时对多个数据库进行检索。

（3）信息源可靠，质量好。数据经过深加工，并进行严格的编辑和标引，每条信息都有出版日期、出处等版权资料。

（4）数据更新及时，检索年代长，既可查到最新的信息，也可追溯检索若干年以前的信息。此外还提供定题检索、原文订购、电子邮件等多种服务。

（5）检索速度快，省时省力。

（6）商业性服务，检索费用较高。

（7）检索技术。对用户要求较高，须经过专业的检索培训、学习。

三、联机检索的服务范围

联机检索系统主要由三部分组成：主机系统、通信系统和终端设备。目前，世界上大多数国际联机检索系统都提供下面五种服务。

1. 追溯检索服务（Retrospective Searching，RS）

RS 服务主要是帮助用户进行回溯检索，即查找过去某段时间内或过去某个时间至今的消息。它可以使用户一次性检索到某一课题在某一时间段的全部情况，对申请专利、课题开题、科研项目鉴定、撰写综合性论文及编制教材等非常有用。

2. 定题服务（Selective Dissemination of Information，SDI）

联机检索的定题服务同光盘检索的定题服务功能类似，用户只需一次输入表示信息需求的检索策略，然后进行存储，联机检索系统将随着数据库的更新，将存储的检索策略进行周期性运行，检索出最新的文献资料，提供给用户。

3. 联机订购原始文献

由于用户经过联机检索到的一般都是二级文献，查找所需原始文献有时又往往受到馆藏不齐或外文文献邮寄较迟等原因的影响而难以获得，因而对一些急需而实用价值较高的文献，就需要通过检索终端，向联机检索系统申请订购。

4. 光盘联机检索服务

光盘检索不仅可以单机使用，还可以借助通信线路，与远程联机检索系统联用，用户可以通过联机检索系统检索光盘或光盘塔数据库中的内容。

5. 电子邮件服务

一些大型联机检索系统都设有电子邮件服务。它允许用户发送电子信息到联机检索系统的各部门和同一系统中的其他用户，以解决检索中以问题。随着 Internet 网络的发展，电子邮件在辅助信息检索中的优势越来越明显。

第 2 节　主要国际联机检索系统简介

著名的国际联机检索系统有 DIALOG 系统、Questel-Orbit 系统、ESA-IRS 系统、STN 系统、OCLC First Search 系统等。

一、DIALOG 系统

1. DIALOG 系统概述

DIALOG 系统是目前世界上最大的联机检索系统，创立于 1965 年，于 1972 年正式向公众提供联机检索服务，1981 年开始独立运营。

DIALOG 系统，收录内容多、数据更新快、专业范围涉及面广、涵盖年代长。DIALOG 系统的数据库内容涉及多个学科，包括综合性学科、自然学科、应用学科、工艺学、社会科学、人文科学、商业学、医药学、经济学和时事报道等，资料内容包括图书、期刊、学位论文、标准、会议录、厂家行情名录、科研报告、政府文件、经济预测、私人文档、统计数据等。网址为：http://www.dialog.com/，主页如图 5—1 所示。

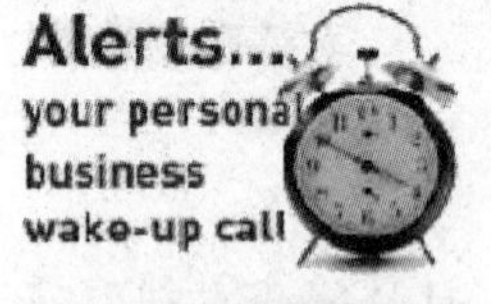

图 5—1　Questel-Orbit 主页

DIALOG 系统提供 24 小时服务，内容如下：

（1）联机检索服务：包括追溯检索和定题检索。

（2）商界联机检索服务。

（3）电子邮件服务。

（4）原文订购服务。

（5）图像输出技术服务。

（6）报表生成服务。

（7）光盘检索服务。

（8）通信软件和图像处理软件服务。

DIALOG 系统具有友好的界面和较强的系统功能，可提供菜单式检索（按菜单提供的线索进行检索)、命令式检索（按系统提供的命令检索)、目标检索（全文数据库提供的基于相关顺序的快速检索手段)、互联网的 WWW 界面检索等。

2. DIALOG 系统的基本检索指令

(1) Begin (B)——选库指令。

(2) Select (S)——选词指令。

(3) Select Steps (SS)——分步检索指令。

(4) Type (T)——联机打印指令。

(5) Display (D)——联机显示指令。

(6) Print (P)——打印指令。

(7) Log off——结束检索指令。

(8) Log off hold——暂停检索指令。

(9) Expend (E)——扩展指令，主要功能是查看检索词在数据库倒排文档中的标引方式和词频，帮助用户选择合适的检索词。

(10) “?”——截词符。

(11) File——更换文档指令。

(12) Combine (C)——组配命令。

3. DIALOG 常用运算符

(1) 布尔逻辑运算符。

布尔逻辑运算符将代表单一概念的一些检索词组配起来形成检索式，表示一个信息的整体概念。

(2) 位置运算符。

确切描述记录中检索式出现的形式，表示词与词的逻辑关系。

1) W——With。该运算符表示它两侧的检索词之间只能是空格或标点符号，顺序不能颠倒，且两个检索词之间不允许有其他任何词或字母。

2) nW——n Words。该运算符表示在它两侧的检索词之间允许插入 n ($n=1, 2, 3, \cdots$) 个词，但位置不能颠倒。

3) N——Near。该运算符表示两个词之间必须紧挨着，但词序任意。

4) nN——n Near。该运算符表示该算符两侧的检索词之间允许插入 n ($n=1, 2, 3, \cdots$) 个词，词序任意。

5) S——Subfield。该运算符连接的检索词必须出现在记录的同一子字段中，词序任意，并且该子字段包含文摘中的一个句子或篇名字段的副标题等。

6) F——Field。该运算符表示两个词必须在记录的同一字段中出现，词序任意。

7) L——Link。该运算符表示在同一主题词字段中找到含有该检索词的记录，词序任意。

8) C——Ciation。该运算符的作用与布尔逻辑 AND 的作用相同，即只要它两边的检索词出现在同一记录中，其位置与词序任意。

以上位置算符按照限制程度的从大到小排序为：

$W>nW>N>nN>L>S>F>C$

(3) 禁用词。

在 DIALOG 数据库中，有 9 个词不能作为检索词，它们是 an、and、by、for、from、of、to、the、with。

（4）截词检索。

截词检索是指在检索词的合适位置截断，利用计算机固有的指定位的对比判断功能，使不完整词能与标引词进行比较、匹配的一种检索。用“?”表示截断。

二、Questel-Orbit（轨道系统）

Questel-Orbit 系统曾是仅次于 DIALOG 系统的世界上第二大国际联机检索系统，特别是在专利、商标、科技信息等领域具有独特优势，拥有约 60 个联机数据库资源。Questel-Orbit 系统的网址为 http://www.questel.orbit.com，主页如图 5—2 所示。

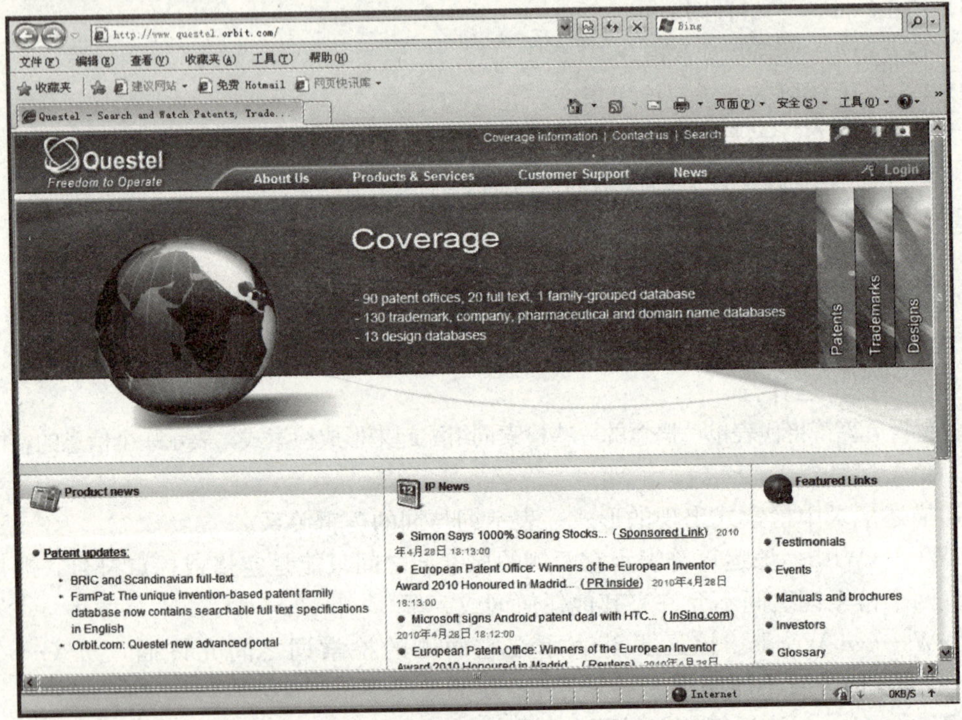

图 5—2　Questel-Orbit 主页

主页列有多种可提供的 Web 服务功能，包括：About us——企业介绍；Products & Services——产品和服务；Customer Support——客户服务；News——热点新闻等。用户只要单击某一选项，就能使用相应的服务功能。

三、ESA-IRS（欧航系统）

ESA-IRS（Europe Space Agency Information Retrieval System）是欧洲最大的联机情报检索系统，由欧洲航天局情报检索服务中心负责运营。总部设在意大利罗马附近的弗拉斯卡蒂，系统于 1973 年建成，开始只为 NASA 文档进行服务，以后几经更新和扩大，发展迅速。由于创建时间较晚，ESA-IRS 吸收了其他系统的优点，所以它的检索功能很强，对话简单，操作方便。ESA-IRS 拥有数据库 120 多个，其中多数为文献数据库，内容涉及航空航天、宇宙学、天文学、天体物理、环境与污染、自然科学、工程技术、医学、商业等领域。ESA-IRS 有近半数的数据库与 DIALOG 系统的相同，但对欧洲的文献收录较全，可弥补 DIALOG 系统的不足。

目前其网址为 http://www.esa.int/SPECIALS/Industry，主页如图 5—3 所示。

图 5—3　ESA-IRS 主页

四、STN 系统

STN 的全称为 the Scientific and Technical Information Network，是由美国化学文摘社（CAS）、德国卡尔斯鲁厄专业情报中心（FIZ-Karlsruhe）和日本科技情报中心（JICST）共同开发创建的一个国际联机检索系统。用户输入 http://www.cas.org 即可访问，主页如图 5—4 所示。

STN 主页左栏列有可提供的 Web 服务功能，中间是进入 STN、STN Easy 等的快捷键，其中 STN Easy 是一个价格低廉的 Web 化国际科技数据库集成系统，其主页如图 5—5 所示。

STN Easy 的最大优势是检索化学文摘（Chemical Abstracts）数据库的功能较完善，价格便宜，用专用账号进入后的具体用法与前述各类检索系统类似，就不再细述。

五、OCLC First Search 系统

图书馆联机计算机中心（Online Computer Library Center，OCLC）的总部在美国俄亥俄州都柏林，是世界上较大的提供文献信息服务的机构，也是一个面向图书馆、非营利性质、成员关系的计算机网络服务和研究组织，以推动更多的人检索世界上的信息、实现资源共享并减少信息的费用为主要目的。目前，86 个国家和地区超过 72 000 个图书馆都在使用 OCLC 的服务来查询、采集、出借和保存图书馆资料以及为它们编目。其中文网址为：http://www.oclc.org/asiapacific/zhcn/default.htm，中文首页如图 5—6 所示。

图 5—4 STN 主页

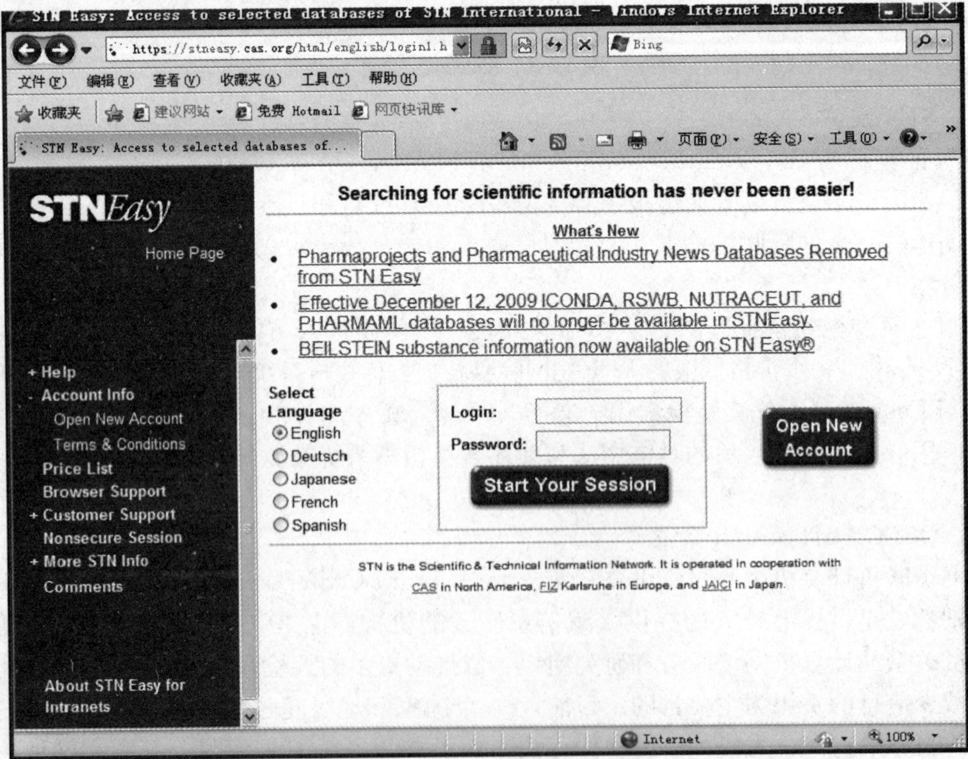

图 5—5 STN Easy 主页

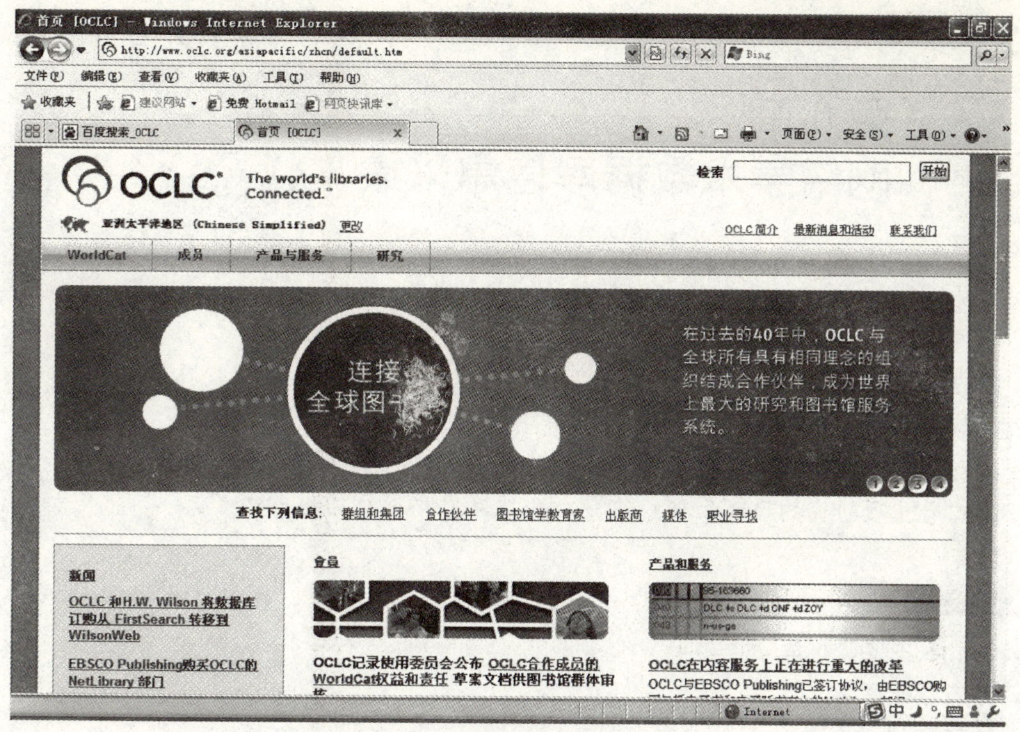

图 5—6　OCLC 中文首页

OCLC 下的 First Search 系统常用数据库如下：

Article First：12 500 多种期刊的文章索引。

Contents First：12 500 多种期刊的目录索引。

ECO：联机电子学术期刊库（只能查到书目信息）。

ERIC：教育方面的期刊文章和报告。

GPO：美国政府出版物。

MEDLINE：医学的所有领域，包括牙科和护理的文献。

Net First：OCLC 的 Internet 资源数据库。

Papers First：国际学术会议论文索引。

Proceedings：国际学术会议录索引。

Union Lists：OCLC 成员馆所收藏期刊的联合列表库。

Wilson Select Plus：科学、人文、教育和工商方面的全文文章。

World Almanac：世界年鉴——重要的参考资源。

World Cat：世界范围图书、Web 资源和其他资料的 OCLC 编目库。

复习思考题

1. 谈谈联机检索系统的构成，并说出它的特点。
2. 掌握 DIALOG 联机检索系统的常用检索指令，并实际检索 1～2 个课题。
3. 谈谈如何获取 DIALOG 联机检索系统的培训账号和密码，并实际操作。
4. 结合当今的信息技术，谈谈联机检索的发展趋势。

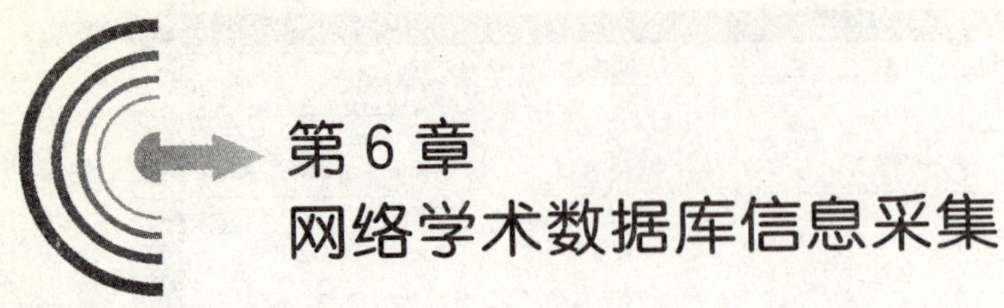

第6章 网络学术数据库信息采集

有一位大学生在自己的毕业论文及答辩中提出了很多新观点、新设想，令答辩组的专家、教授刮目相看。原来，这位大学生在校的几年中，一直利用图书馆和互联网关注着这项研究，追踪着这项研究的最新动向，这是一个成功利用网络信息的例子。

- CALIS 主要数据库
- 万方数据库
- 全文期刊
- 中文图书数据库
- 综合性数据库
- 全文电子期刊

第1节　中国高等教育文献保障系统

一、CALIS 的概况

中国高等教育文献保障系统（China Academic Library & Information System，CALIS），是经国务院批准的我国高等教育“211 工程”、“九五”、“十五”总体规划中三个公共服务体系之一，主页地址为：http://www.calis.edu.cn/，如图 6—1 所示。CALIS 的宗旨是：在教育部的领导下，把国家的投资、现代图书馆理念、先进的技术手段、高校丰富的文献资源和人力资源整合起来，建设以中国高等教育数字图书馆为核心的教育文献联合保障体系，实现信息资源共建、共知、共享，以发挥最大的社会效益和经济效益，为中国的高等教育服务。

CALIS 管理中心设在北京大学；下设了文理、工程、农学、医学四个全国文献信息服务中心，华东北、华东南、华中、华南、西北、西南、东北七个地区文献信息服务中心和一个东北地区国防文献信息服务中心。

二、CALIS 的主要服务内容

1. CALIS 联合目录公共检索系统

CALIS 联合目录公共检索系统（以下简称 OPAC）采用 Web 方式提供查询与浏览，功能如下：

（1）多库分类检索。OPAC 中的数据，按照语种划分，可分为中文、西文、日文、俄

图 6—1　CALIS 主页

文四个数据库；按照文献类型划分，可分为图书、连续出版物、古籍。

（2）二次检索。单击“二次检索”按钮，可返回检索页面，用户可修改检索条件重新进行检索。不提供对结果集的二次检索。

（3）排序功能。检索结果分库显示，单一数据库中的检索结果少于 200 条，方提供排序，默认的排序优先次序是：题名、责任者、出版社。检索结果超过 200 条则不提供排序功能。

（4）检索历史。OPAC 保留用户发出的最后 10 个检索请求，用户关闭浏览器后，检索历史将清空。

（5）多种显示格式。OPAC 的检索结果分为多种格式显示：简单文本格式、详细文本格式、MARC 显示格式。前两种格式对所有用户免费开放，MARC 显示格式只对 CALIS 联合目录的成员馆开放，如需下载，需要按一定的标准付费。

（6）多种格式输出。OPAC 对所有用户提供记录引文格式、简单文本格式、详细文本格式的输出，此外，对 CALIS 联合目录的成员馆还提供 ISO2709、MARC 列表的输出，提供 E-mail 与直接下载到本地两种输出方式。输出字符集提供常用的“GBK”、“UTF-8”、“UCS2”三种。用户可根据自己的需要进行选择。

（7）浏览功能。OPAC 提供对题名、责任者、主题的浏览，此外，古籍数据还提供四库分类的树型列表浏览。

(8) 收藏夹功能。OPAC 对有权限的用户提供保存用户的检索式与记录列表的功能，目前该功能不对普通用户开放。

(9) 馆际互借。OPAC 支持馆际互借，用户直接发送请求到本馆的馆际互借网关，无须填写书目信息。

2. 联机编目

联机编目的服务对象为：高校图书馆、职业学校及中小学校图书馆、公共图书馆、科研院所情报机构、图书流通机构等。

CALIS 联机编目数据库的内容有：中文书、刊书目记录及其馆藏信息；西文书、刊书目记录及其馆藏信息；古籍书目记录及其馆藏信息；俄文、日文和其他语种书、刊书目记录及其馆藏信息；中西文规范记录（包括名称、主题标目和丛编题名）；非书资料、多媒体、电子出版物及网上资源联合目录。

3. 集团采购

引进国外数据库和电子文献是 CALIS 资源建设中最重要的工作之一，也是最先开展的一项服务，为 CALIS 项目建设成功打响了第一炮。到 2003 年年底，共组织集团采购了 26 个厂商的 160 多个数据库（含电子刊）。国外数据库的成功引进缓解了我国高校外文文献长期短缺，无从获取或获取迟缓的问题，对高校科研和教学起到了极大的推动作用。

CALIS 希望通过这项建设工作，使更多的学校加入集团采购的行列，使引进成本越来越低，覆盖面越来越大，为高校的科研和教学创造良好的环境。

4. 文献传递网

CALIS 馆际互借与文献传递网（简称文献传递网）为 CALIS 读者或文献服务机构提供馆际互借与文献传递服务。

该文献传递网由众多成员馆组成，包括利用 CALIS 馆际互借与文献传递应用软件提供馆际互借与文献传递的图书馆（简称服务馆）和从服务馆获取馆际互借与文献传递服务的图书馆（简称用户馆）。

读者以馆际互借或文献传递的方式通过所在成员馆获取 CALIS 文献传递网成员馆丰富的文献收藏。

文献传递网中英文资源导航见表 6—1 和表 6—2。

表 6—1　　中文资源导航表

自建库	
CALIS 联合书目数据库	CALIS 中文现刊目次库
CALIS 高校学位论文库	CALIS 学术会议论文库
引进库	
万方数据库	中国资讯行（China Info Bank）数据库
特色库	
敦煌学数据库 全文	教育文献数据库
机器人信息数据库	邮电通信文献数据库
棉花文摘数据库	钱学森特色数据库 全文

数学文献信息资源集成系统 全文	石油大学重点学科数据库
中国工程技术史料数据库	长江资源数据库 全文
巴蜀文化数据库	东北亚文献数据库
中国资讯行 全文	机械制造与自动化数据库
岩层控制数据库	新型纺织信息库
有色金属文摘库	环境科学与工程学科信息数据库
世界银行出版物全文检索数据库 全文	上海交通大学学位论文数据库
全国高校图书馆信息参考服务大全	东南亚研究与华侨华人研究题录数据库
全国高校图书馆进口报刊预订联合目录数据库	通信电子系统与信息科学数据库的建设
经济学学科资源库 全文	

注：各数据库的详细介绍，请浏览中国高等教育文献保障系统。

表 6—2 **西文数据库导航**

自建库	
CALIS 联合书目数据库	CALIS 西文现刊目次库
CALIS 统一检索平台	
引进库	
ABI/INFORM Global——ABI 商业信息数据库	
ACM Digital Library 全文数据库 全文	
American Chemical Society——美国化学学会 全文	
Academic Press——美国学术出版社	
Academic Research Library——学术研究图书馆	
Academic Search Premier——学术期刊集成全文数据库	
American Physical Society——美国物理学会 全文	
American Institute of Physics——美国物理所 全文	
American Society for Testing and Materials——美国试验与材料协会 全文	
The American Society of Civil Engineers——美国土木工程协会 全文	
American Society of Mechanical Engineers——美国机械工程师学会 全文	
Applied Science & Technology（AST）全文	
Business Source Premier——商业资源电子文献数据库 全文	
BIOSIS Preview——生物学文献数据库	
Beilstein/Gmelin Cross Fire——化学数据库	
Blackwell——Blackwell 电子期刊数据库	
Bowker 数据库	
Cambridge Science Abstract（CSA）——剑桥科学文摘	
CELL PRESS 数据库 全文	
China Info Bank——中国资讯行数据库	
Derwent Innovations Index 数据库 全文	
Deutsches Institut für Normung——德国标准化学会 全文	
Encyclopedia Britannica——不列颠百科全书	
Engineering Information——EI 数据库	

Elsevier SDOS（ScienceDirectOnsite）全文
Ebrary 电子图书数据库 全文
Thomson Gale——Gale 参考性资料数据库
Genome Database——基因组数据库
Institute of Physics——英国皇家物理学会
IEL（IEEE/IEE Electronic Library）全文
INSPEC——英国科学文摘 镜像
IWA——国际水协会 镜像
International Society for Optical Engineering——国际光学工程学会 镜像
John Wiley Interscience 电子期刊
JSTOR（西文过刊全文库）
Kluwer Online
Knovel 数据库 全文
Lexis-Nexis
MAIK NAUKA——俄罗斯科学院 镜像
Nature Online
National Technical Information Service——NTIS 美国政府报告文摘题录数据库 镜像
OCLC First Search 数据库系统
Web of Science Proceedings 数据库
World SciNet——世界科技期刊网 全文
ProQuest Digital Dissertation——ProQuest 数字化博硕士论文文摘数据库
ProQuest Digital Dissertation——ProQuest 学位论文全文检索系统 全文
Royal Society of Chemistry——（英国皇家化学学会）电子期刊
Safari——Safari 数据库 全文
SAGE 全文数据库 全文
Science Citation Index——科学引文数据库
Science Online 数据库
SciFinder Scholar 数据库
SIAM——工业和应用数学学会协会数据库 镜像
Springer Link 数据库 镜像
Springer 电子书 镜像
UNCOVER——UNCOVER 数据库

第 2 节　万方数据资源系统

一、万方数据资源系统概况

万方数据股份有限公司是国内第一家以信息服务为核心的股份制高新技术企业，是在互联网领域，集信息资源产品、信息增值服务和信息处理方案为一体的综合信息服务商。网址为：http://www.wanfangdata.com.cn/，主页如图 6—2 所示。

公司应用先进的信息处理技术和检索技术，为科技界、企业界和政府部门提供高质量的信息资源产品。在丰富信息资源的基础上，万方数据还运用先进的分析和咨询方法，为用户

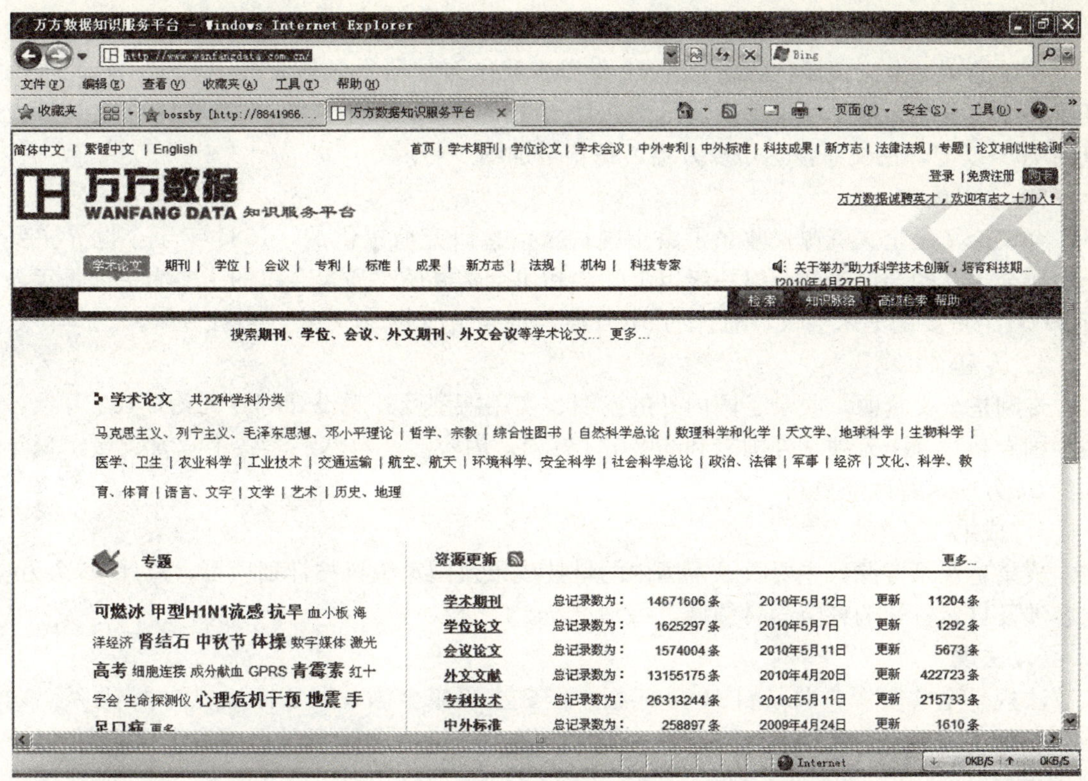

图 6—2　万方数据主页

提供信息增值服务，并陆续推出企业竞争情报系统，如通信、电力和医药行业竞争情报系统等一系列信息增值产品，以满足用户对深层次信息和分析的需求，为用户确定技术创新和投资方向提供有价值的信息。

万方数据覆盖范围包括自然科学总论、数理化、天文学、地球科学、生物科学、医学、卫生、工业技术、航空、环境科学、社会科学、人文地理等各学科领域。

按照资源类型来划分，万方数据知识服务平台可以分为全文类信息资源、文摘题录类信息资源及事实型动态信息资源。全文类信息资源包括会议论文全文、学位论文全文、法律法规全文、期刊论文全文。

万方数据企业产品数据库（CECDB）自 1998 年创建以来，标准版已经收录了 96 个行业 16 万家企业及其产品的信息，客户遍及北美、西欧、东南亚 50 多个国家和地区，成为国内首屈一指的商情数据库，也被 DIALOG 联机检索系统列为国内首选经济信息数据库，丰富而准确的信息使它成为国内外企业解决自己上下游供应链问题的重要参考工具。

二、万方数据资源的内容

万方数据资源包括：期刊论文、学位论文、会议论文、专利、成果、法规、标准、企业信息、西文期刊论文、西文会议论文、科技动态等。

1. 期刊论文

期刊论文是全文资源，收录自 1998 年以来国内出版的各类期刊 6 000 余种，其中核心期刊 2 500 余种，论文总数量达 1 000 万篇，每年约增加 200 万篇，每周更新两次。

2. 学位论文

学位论文是全文资源，收录自1980年以来我国自然科学领域各高等院校、研究生院以及研究所的硕士、博士以及博士后论文共计约136万篇，其中“211”高校论文收录量占总量的70%以上，论文总量达110万篇，每年增加约20万篇。

3. 会议论文

会议论文是全文资源，收录了由中国科技信息研究所提供的，1985年至今世界主要学会和协会主办的会议论文，以一级以上学会和协会主办的高质量会议的论文为主。每年涉及近3 000个重要的学术会议，总计约97万篇，每年增加约18万篇，每月更新。

4. 专利

专利是全文资源，收录了国内外的发明、实用新型及外观设计等专利约2 400万项，其中中国专利约331万项，外国专利约2 073万项。内容涉及自然科学各个学科领域，每年增加约25万项，每两周更新一次。

5. 成果

成果是题录资源，主要收录了国内的科技成果及国家级科技计划项目。总计50余万项，内容涉及自然科学的各个学科领域，每月更新。

6. 法规

法规是全文资源，收录自1949年新中国成立以来全国各种法律法规约28万条。内容不但包括国家法律法规、行政法规、地方法规，还包括国际条约及惯例、司法解释、案例分析等。

7. 标准

标准是题录资源，综合了由国家技术监督局、建设部情报所、建材研究院等单位提供的相关行业的各类标准题录。它包括中国行业标准、中国国家标准、国际标准化组织标准、国际电工委员会标准、美国国家标准学会标准、美国材料试验协会标准、美国电气及电子工程师学会标准、美国保险商实验室标准、美国机械工程师协会标准、英国标准化学会标准、德国标准化学会标准、法国标准化学会标准、日本工业标准调查会标准等26万多条记录，每月更新。

8. 企业信息

企业信息是题录资源，始建于1988年，是国内最早的商业化运作的企业信息库，收录了国内外各行业近20万家生产企业及大中型商贸公司的详细信息及科技研发信息，每月更新。

9. 西文期刊论文

西文期刊论文是全文资源，收录了1995年以来世界各国出版的12 634种重要学术期刊，部分文献有少量回溯。每年增加论文约百万篇，每月更新。

10. 西文会议论文

西文会议论文是全文资源，收录了1985年以来世界各主要学会、协会、出版机构出版的学术会议论文，部分文献有少量回溯。每年增加论文约20万篇，每月更新。

11. 科技动态

科技动态收录了国内外科研立项动态、科技成果动态、重要科技期刊征文动态等科技动态信息，每天更新。

第 3 节　中文全文型期刊数据库——中国知网

一、中国知网简介

国家知识基础设施（National Knowledge Infrastructure，CNKI）的概念，由世界银行于 1998 年提出。CNKI 工程是以实现全社会知识资源传播共享与增值利用为目标的信息化建设项目，由清华大学、清华同方发起，始建于 1999 年 6 月。在党和国家领导以及教育部、中宣部、科技部、新闻出版总署、国家版权局、国家发展和改革委员会的大力支持下，在全国学术界、教育界、出版界、图书情报界等社会各界的密切配合和清华大学的直接领导下，CNKI 工程经过多年努力，采用自主开发并具有国际领先水平的数字图书馆技术，建成了世界上全文信息量规模最大的“CNKI 数字图书馆”，并正式启动建设中国知识资源总库及 CNKI 网格资源共享平台，通过产业化运作，为全社会知识资源高效共享提供最丰富的知识信息资源和最有效的知识传播与数字化学习平台。中国知网首页如图 6—3 所示。

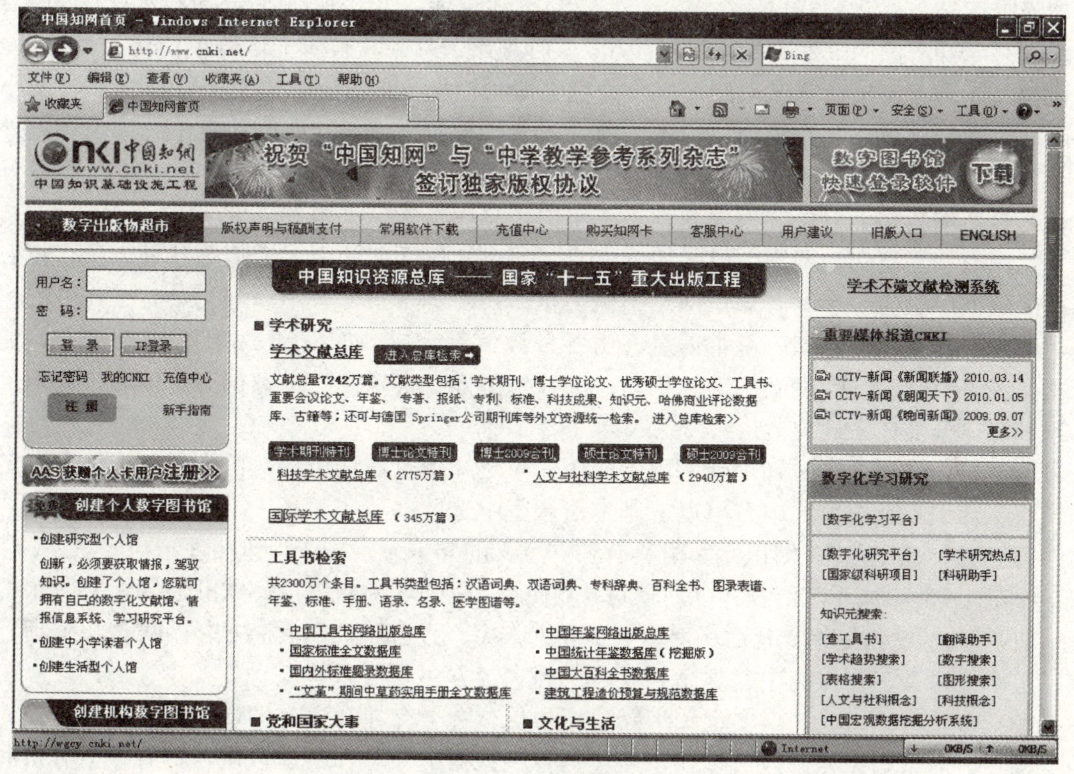

图 6—3　中国知网首页

CNKI 是全球信息量最大、最具价值的中文网站。据统计，CNKI 网站的内容数量大于目前全世界所有中文网页内容的数量总和，可谓世界第一中文网。CNKI 的信息内容是经过深度加工、编辑、整合，以数据库形式进行有序管理的，内容有明确的来源、出处，内容可信、可靠，包括期刊、报纸、博士/硕士论文、会议论文、图书、专利等。因此，CNKI 的内容具有极高的文献收藏价值和使用价值，可以作为学术研究、科学决策的依据。

CNKI 是一个互联网出版平台。未来学家预测，在不远的将来，人类将会把所有的知识资源放在互联网上共享，传统出版走向互联网出版已经成为必然。CNKI 是国家新闻出版总署首批批准的互联网出版平台，可以二次出版所有传统出版方式已经出版过的内容，也可以直接通过网络进行一次出版，出版形式多种多样，包括文本、图片、音频、视频、动画、软件、网络课程、科学数据等多种媒体形式。目前，CNKI已集结了7 000多种期刊、近1 000种报纸、18万篇博士/硕士论文、16万册会议论文、30万册图书以及国内外1 100多个专业数据库。其中博士/硕士论文、会议论文及部分数据库为一次出版，期刊、图书、报纸等为二次出版，如此大的网络出版规模在世界上也是绝无仅有的。

CNKI是知识搜索引擎，是在漫无边际的互联网里发现信息的好帮手。要高效、快速查找有价值的知识信息，CNKI及各类数据库是一个很好的选择。

二、中国知识资源总库

中国知识资源总库，简称总库，是具有完备知识体系和规范的管理功能，由海量知识信息资源构成的学习系统和知识挖掘系统，由清华大学主办、中国学术期刊（光盘版）电子杂志社出版、清华同方知网（北京）技术有限公司发行。总库由数百位科学家、院士、学者参与建设，历经10年精心打造，是一个大型动态知识库、知识服务平台和数字化学习平台。目前，总库拥有国内8 200多种期刊、700多种报纸、600多家博士培养单位优秀博士/硕士学位论文、数百家出版社已出版图书、全国各学会/协会重要会议论文、百科全书、中小学多媒体教学软件、专利、年鉴、标准、科技成果、政府文件、互联网信息汇总以及国内外上千个各类加盟数据库等知识资源。总库中数据库的种类不断增加，数据库中的内容每日更新，每日新增数据上万条。根据规划，三年内，总库将囊括我国80%的知识资源。

总库以“三层知识网络”模式构建内容，通过知识元库和引文链接等各种方法，将三个层次的数据库融为一个具有知识网络结构的整体。

第一层：基本信息库。基本信息库由各种源信息组成，如期刊、博士/硕士论文、会议论文、图书、报纸、专利、标准、年鉴、图片、图像、音像制品、数据等。该库按知识分类体系和媒体分类体系建立。

第二层：知识仓库。知识仓库由专业用途界定知识范畴和层次，由学科知识体系确定知识模块、知识点及内容，内容可以从基本信息库中选取。

第三层：知识元库。知识元库由具有独立意义的知识元素构成，包括理论与方法型、事实型、数值型三类基本知识元。知识元库既可独立使用，也可与基本信息库、知识仓库相关联使用。

（1）理论与方法型知识元。理论与方法型知识元包括思想、方法论、概念、公理、原理、定律，以及正在探究中的观念、观点、理念、方法与技巧等。

（2）事实型知识元。事实型知识元包括自然、社会存在和演变的事实信息。

（3）数值型知识元。数值型知识元包括各种数据类知识和科学数据，具有数值分析和知识推理功能。

总库以开放式资源网格系统的形式，将分布在全球互联网上的知识资源集成，整合为内容关联的知识网络，通过中国知识门户网站——“中国知网”进行实时网络出版传播，为用户提供在资源高度共享基础上的网上学习、研究、情报和知识管理等综合性知识增值应用服务。

中国知识资源总库重点数据库如下：

1. CNKI系列源数据库

（1）中国期刊全文数据库：收录了1994年至今8 200多种期刊，按学科分为168个专题，现有文献2 200多万篇，每日更新，年新增文献100多万篇。

（2）中国期刊全文数据库（世纪期刊）：收录了回溯1979年至1993年的4 195种期刊，部分期刊回溯至创刊，最早回溯至1887年，按学科分为168个专题，现有文献500多万篇，每月更新。

（3）中国博士学位论文全文数据库：收录了1999年至今420个博士培养单位的学位论文，现有论文5万多篇，每日更新。

（4）中国优秀硕士学位论文全文数据库：收录了1999年至今652个硕士培养单位的学位论文，现有论文37万多篇，每日更新。

（5）中国重要报纸全文数据库：收录了2000年至今700多种重要报纸，现有文章645万多篇，每日更新，年新增文章约120万篇。

（6）中国重要会议论文全文数据库：收录了2000年至今1 200多家学术团体的会议论文，现有论文近58万篇，每日更新。

（7）中国图书全文数据库：一期工程即将完成，首批3万种新书已上网服务，每日更新，年新增图书10万本。

2. CNKI系列专业知识仓库

（1）中国医院知识仓库：收录了1 400多种医学期刊，108家医学博士/硕士培养单位学位论文，内容每日累增。

（2）中小学多媒体数字图书馆：收录了500多种教育类期刊，2 000多种相关期刊，400多种相关报纸，以及多媒体教育教学素材、高初中同步教学辅导、高考中考名师辅导等，内容每日累增。

（3）中国企业知识仓库：汇集企业所需期刊、优秀博士/硕士论文、重要会议论文、报纸全文、图书全文、新书目等数据资源，涵盖企业所需各类信息资源、知识资源，利用现代信息技术进行加工整合，以最方便快捷的传播手段，为企业提供可有效利用的资源。知识仓库主要分钢铁冶金、铝业、石油化工、石油天然气勘探、电力、发电、电网、金融、保险、证券、基金等各个行业、企业知识库，内容每日累增。

3. CNKI系列知识元数据库

（1）数值型知识元库：包括从各类统计年鉴及各种专业文献中抽取的统计数据和科学实验数据。

（2）理论与方法型知识元数据库：包括从各种百科全书中抽取的专业术语解释及从各种专业论文中抽取的观点、理论、方法和技巧等知识元。

4. 其他特色CNKI系列数据库

特色数据库包括中国年鉴全文数据库、中国标准数据库、国家科技成果数据库、国学宝典数据库、中国引文数据库等。

5. 国外各类加盟数据库

国外各类加盟数据库包括全球20 000多个图书馆资料目录的OCLC数据库，美国专利库、美国地震局地震目录查询库、微生物物种编目数据库、农业生产资料数据库、影片资料库等400多个行业数据库，后续的加盟数据库将不断增加。

6. 互联网信息数据库

互联网信息数据库包括利用清华同方互联网资源整合系统（3I）整合加工的互联网信息库和用Google、Yahoo、百度等网络搜索引擎搜索的互联网信息库。

第 4 节　中文图书数据库

一、超星数字图书馆

超星数字图书馆（http://www.ssreader.com/）首页如图 6—4 所示，开通于 1999 年，向互联网用户提供数十万种中文电子书免费和收费的阅读、下载、打印等服务，同时还向所有用户、作者免费提供原创作品发布平台、读书社区、博客等服务。

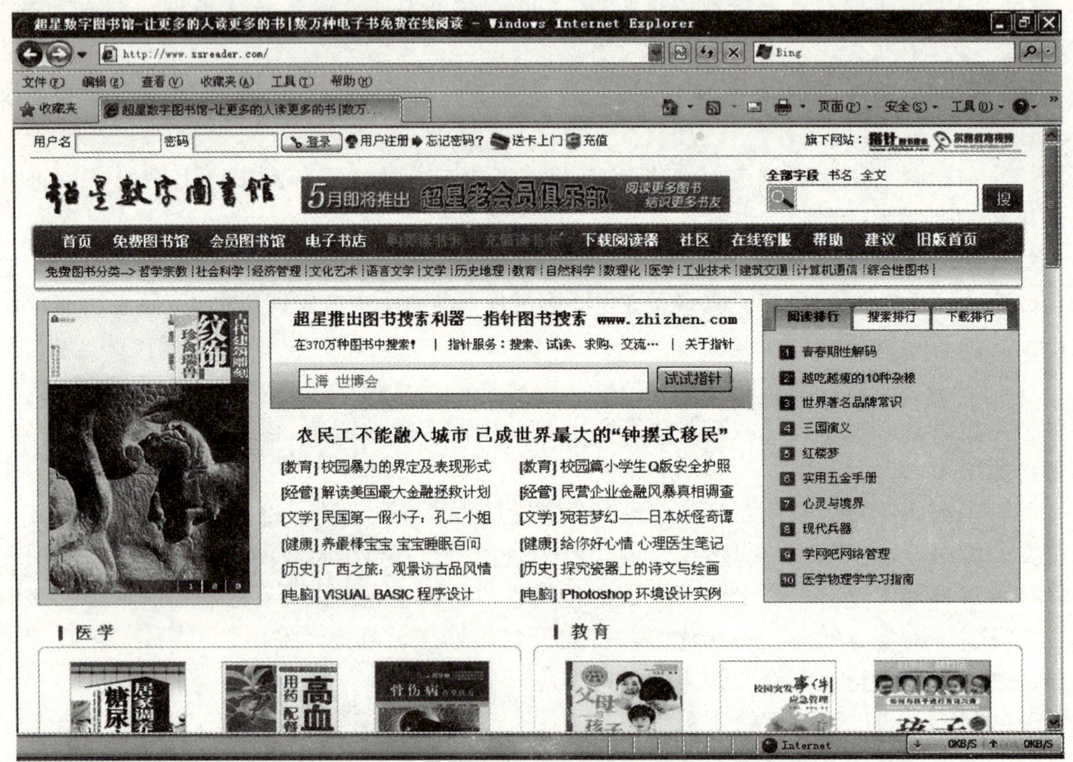

图 6—4　超星数字图书馆首页

1. 先进的技术依托

先进、成熟的超星数字图书馆技术平台和“超星阅览器”，给用户提供各种读书所需功能，专为数字图书馆设计的 PDG 电子图书格式，具有很好的显示效果，适合在互联网上使用。“超星阅览器”是国内目前技术最为成熟、创新点最多的专业阅览器，具有电子图书阅读、资源整理、网页采集、电子图书制作等一系列功能。

2. 良好的电子书版权解决方案

本着“尊重知识，尊重版权”的原则，超星数字图书馆在国内首家提出了一套电子书版权解决方案，并大规模地开展与作者和出版社的签约授权工作。经过不懈的努力，至今为止已经有 30 万作者同意将自己的作品授权超星数字图书馆。

3. 阅读图书

免费阅览室阅读步骤：进入免费阅览室→查找所需图书→选择“阅览器阅读”或“IE 阅读”项浏览图书。

会员图书馆阅读步骤：进入会员图书馆→订阅会员服务→查找所需图书→选择“阅览器

阅读”或“IE 阅读”项浏览图书。

电子书店阅读步骤：进入电子书店→查找所需图书→付费购买成功→选择“阅览器阅读”或“IE 阅读”项浏览图书。

注意：阅览器阅读需要下载、安装超星阅览器；IE 阅读时自动下载 IE 阅读插件，若不能自动下载请单击下载。

4. 超星阅览器

阅读超星数字图书馆图书需要下载并安装专用阅读工具——超星阅览器（ssreader）。除阅读图书外，超星阅览器还可用于扫描资料、采集整理网络资源等。超星阅览器的下载网址为 http://www.ssreader.com/downland。

（1）下载超星阅览器。

1）单击“北京镜像下载”下载地址，在弹出的文件下载窗口中选择“将该程序保存到磁盘”，然后单击“确定”按钮。网站为用户提供了四个下载站点，可以任意选择其中的一个站点下载。

2）如果系统安装了迅雷或网际快车，也可以使用这两个工具下载。

（2）安装超星阅览器。

双击下载的超星阅览器的安装文件，按照提示一步一步操作即可完成安装，安装后的界面如图 6—5 所示。

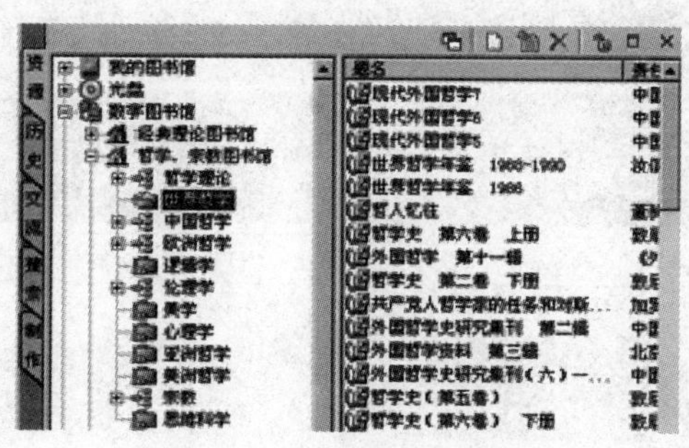

图 6—5　超星阅览器界面

（3）使用超星阅览器阅读图书的方法。

超星数字图书馆会员享有在超星阅览器里阅读、借阅下载图书的权限。

1）运行超星阅览器并登录，通过界面左侧的列表搜索需要的图书。

2）单击“资源”按钮，可以从左侧的“数字图书馆”中查看到网上最新的图书馆分类，并且分类的更新与超星数字图书馆同步。

3）单击图书馆分类前的“＋”按钮，列表分类展开，将看到中间书名窗口显示的书名。

4）双击书名，超星阅览器自动跳转到新窗口并显示图书信息页面。

5）单击“阅览器阅读”或“IE 阅读”即可阅读。

5. 打印和下载资料

（1）打印。在线阅读的图书或已下载到本地的图书均可打印。方法是：在正在阅读的图书上单击鼠标右键，从弹出的菜单中选择“打印……”命令，可将正在阅读的图书进行打印。超星阅览器不支持虚拟打印。

(2) 下载资料。下载的资料可以被刻成光盘或复制到其他电脑上阅读使用。例如当用户在另一个电脑上需要阅读这些资料时，只需要在这台电脑中的超星阅览器中进行用户登录，就可以阅读下载的这些书籍了。

二、书生之家

书生之家数字图书馆是由北京书生数字技术有限公司于2000年正式推出的。书生之家所含图书涉及社会科学、人文科学、自然科学、医药卫生、工程技术等各个类别。同时，书生之家也集成了部分期刊的书目信息、内容摘要以及全文，并提供全文、标题、主题词等十种数据库检索功能以及CN-MARC格式数据套录功能，还提供印刷版图书、期刊、报纸、光盘数据库以及其他数据库的网上订购服务。书生之家的网址为：http://edu.21dmedia.com/，主页如图6—6所示。

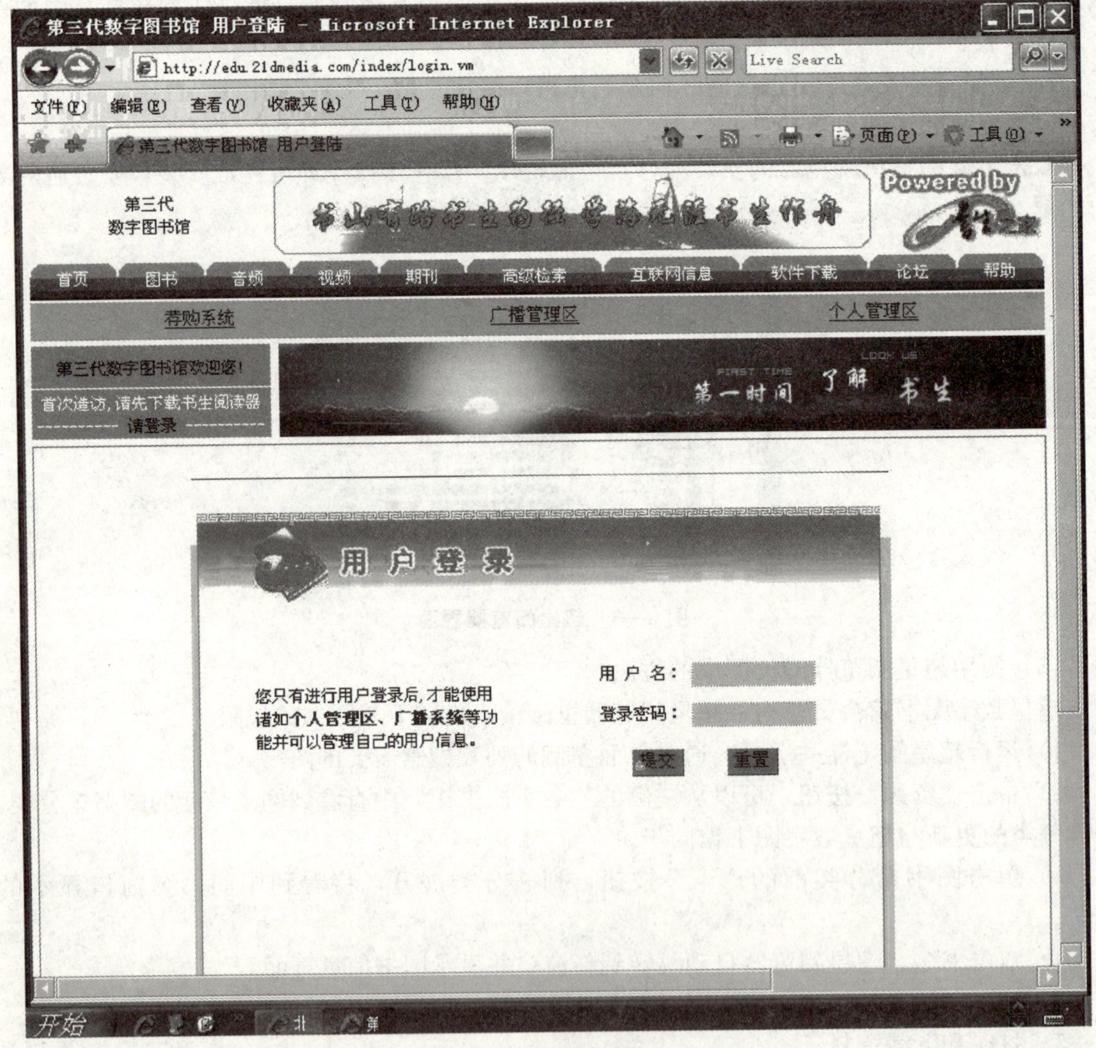

图6—6 书生之家主页

1. 书生之家主页版块介绍

(1) 图书：可对图书进行简单检索和全文检索，图书可在线阅读，也可以把图书借阅到本地阅读。

（2）音频：实现在线音乐检索，在线播放。

（3）视频：实现在线视频和电影检索、下载。

（4）期刊：实现期刊检索、阅读和借阅。

（5）高级检索：即“一站式检索”，可实现在其他数字图书馆系统中检索自己所需要的资源。

（6）互联网信息：显示各个网站检索相关内容得到的信息。

（7）软件下载：可以下载各种客户端软件和书生阅读器、阅读器升级程序、OCR 插件和书生字库集。

（8）论坛：在论坛里面，可与大家分享读书的心得。

2. 书生之家数字图书馆检索图书

输入网址 http://edu.21dmedia.com/进入书生之家主页，如果是书生之家镜像，可直接从镜像站点进入界面。在书生之家主页，首先要做的是登录，登录后，界面如图 6—7 所示。

图 6—7　书生之家登录后的主页

在书生之家数字图书馆检索图书的方法有两种：

（1）分类检索。

进入书生之家电子书页面，左侧就是图书分类目录，可以按分类进行书目查询。该站共设 31 个主分类，每个分类下面又有数目不等的小分类。进入某一类后该类范围内的图书就可以看到，如图 6—8 所示。

图 6—8 书生之家电子书分类检索

（2）基本检索。

在书生之家电子书上方单击图书栏目后可以进入图书检索页面，在该页面左侧可根据图书名称、作者、丛书名称、主题、提要五种途径进行查询。任选一种检索途径，输入检索词，单击“检索”按钮，就可检索到与查询条件符合的图书。选择后边的“全文”选项就可以阅读选择的书了。

3. 书生阅读器

（1）书生阅读器的安装。

阅读书生之家的图书，必须下载并安装专用阅读器，单击网站软件下载，即可进入阅读器下载页面（如图 6—9 所示）。

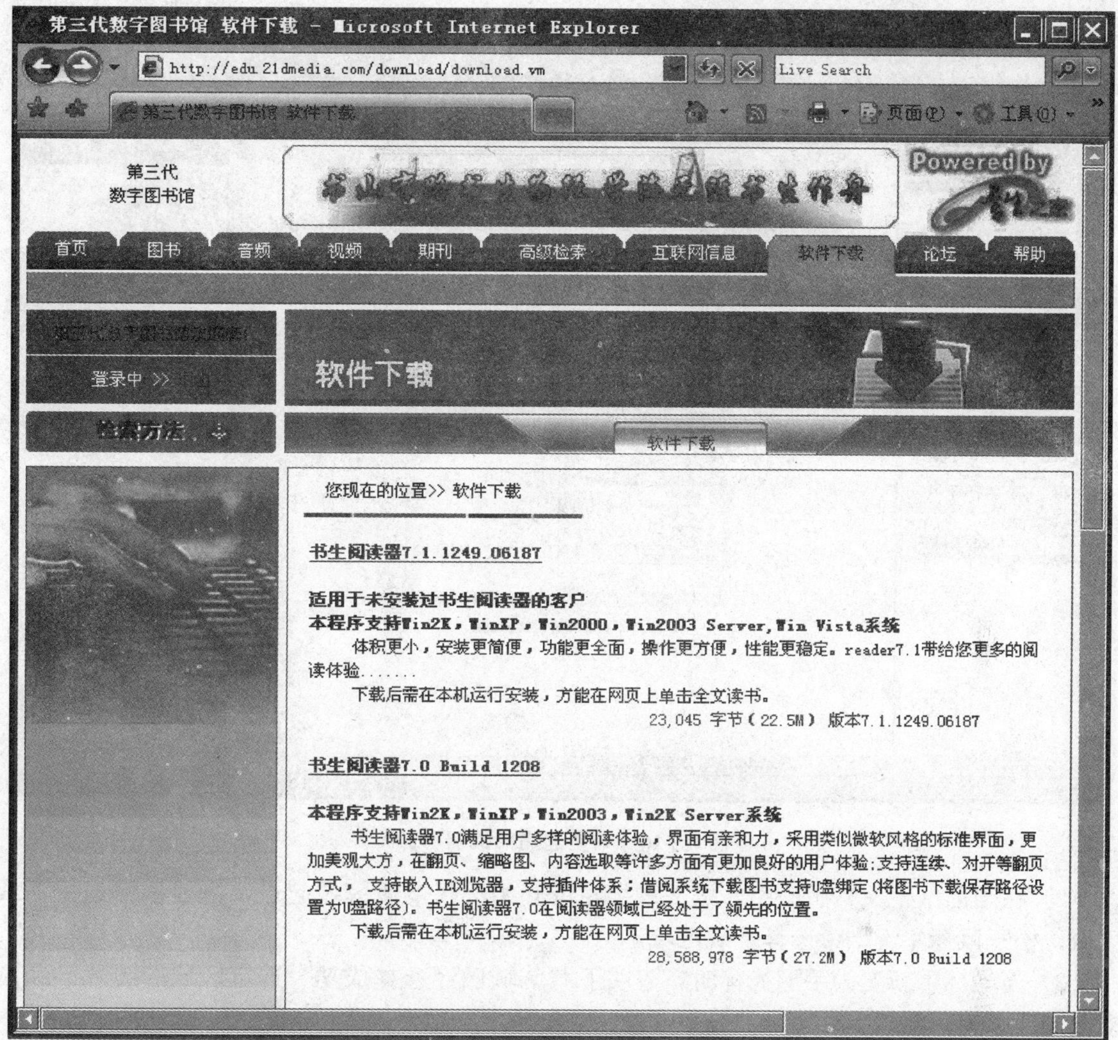

图 6—9　书生阅读器下载页面

选择“书生阅读器 7.1.1249.06187”进行下载，并进行解压缩，按照向导提示进行安装即可。

（2）书生阅读器常用功能介绍。

书生阅读器有五个主菜单：文件、编辑、视图、工具、帮助等，如图 6—10 所示。每个菜单下的详细功能参见“帮助”菜单下的“帮助主题”。

（3）OCR 识别。

可以用 OCR 识别来拾取文本，如图 6—11 所示。OCR 识别操作步骤如下：

1）在菜单栏上选择“工具→基本工具→OCR 识别”，或在主任务条中，选中“T”按钮，此时光标变为“＋OCR”形式。

2）在正文版面上拖动鼠标拾取文本，被拾取的文本可以复制到系统剪贴板上。

（4）下载图像。

下载图像类似于用 OCR 识别来拾取文本，操作步骤如下：

1）在菜单栏上选择“工具→基本工具→页面快照”，或在主任务条中选中“S”按钮。注意：此时光标变为“＋”形状。

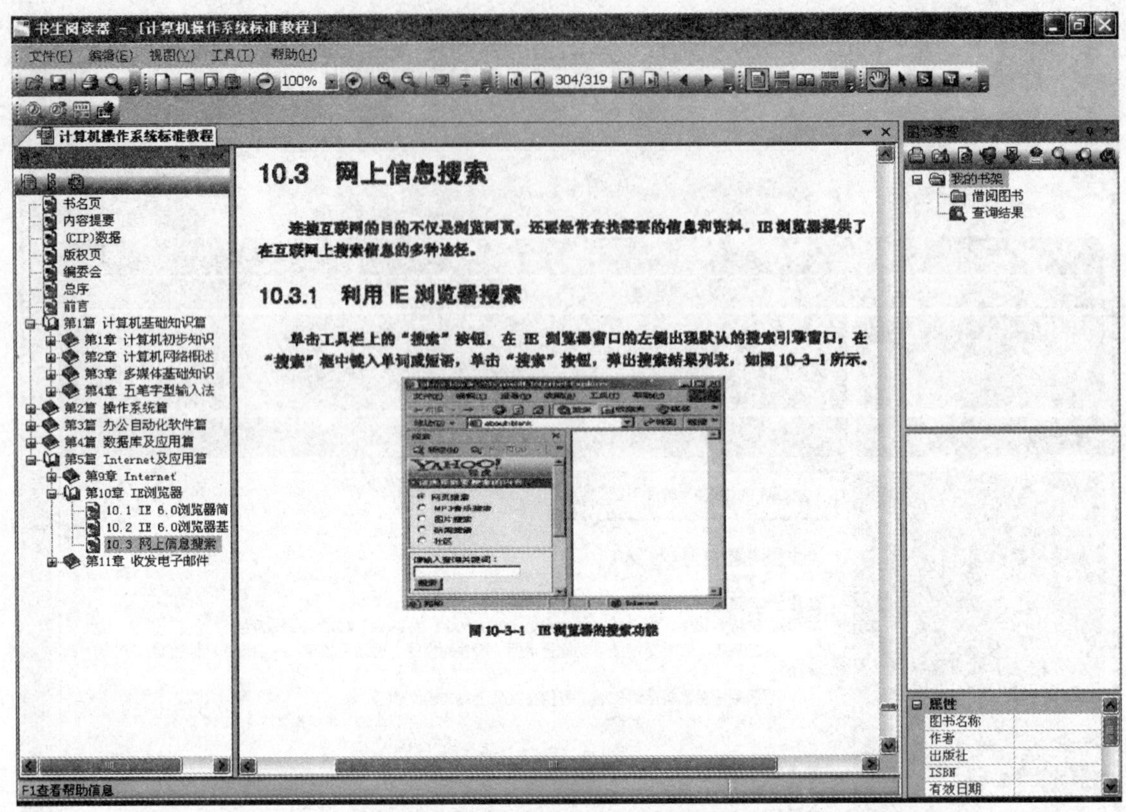

图 6—10 书生之家阅读器界面

2）在当前（正文）版面中，按下鼠标左键开始选择下载区域起点，拖拽鼠标选择下载区域，松开鼠标左键结束选择下载区域。

3）当光标重新变为手形光标时，表明下载区域已经选择成功。选定区域的图片已经自动复制到系统剪贴板上。

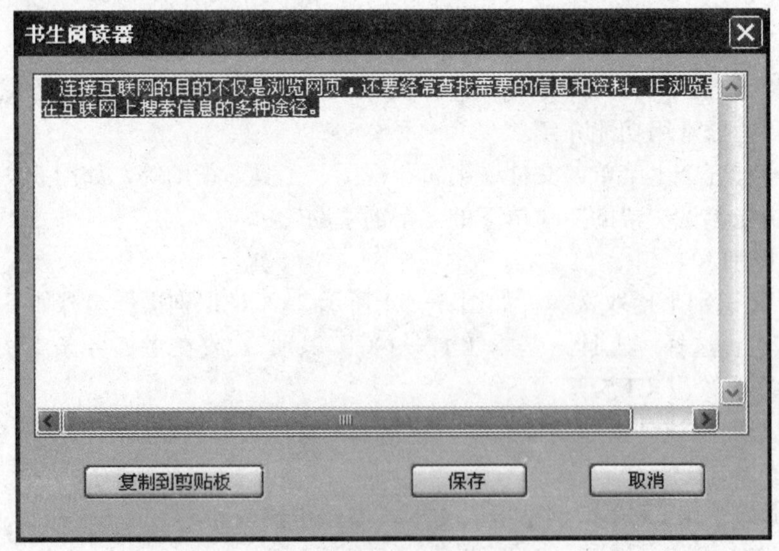

图 6—11 OCR 识别

第5节　综合性数据库——EI Village

一、简介

EI Village（工程信息村）的网址为：http://www.ei.org/，主页如图6—12所示。这是美国工程信息公司（Engineering Information Inc.，EI）为了满足人们日益增长的信息查找需求而于20世纪90年代中后期向全球推出的一个工程技术领域著名的在线服务项目。EI Village最重要的数据库EI Compendex，是EI Village的核心数据库，是全世界最早的工程文摘来源（创刊于1884年），是全球最全面的工程检索二次文献数据库，是世界引文分析和文献评价的四大检索工具之一。

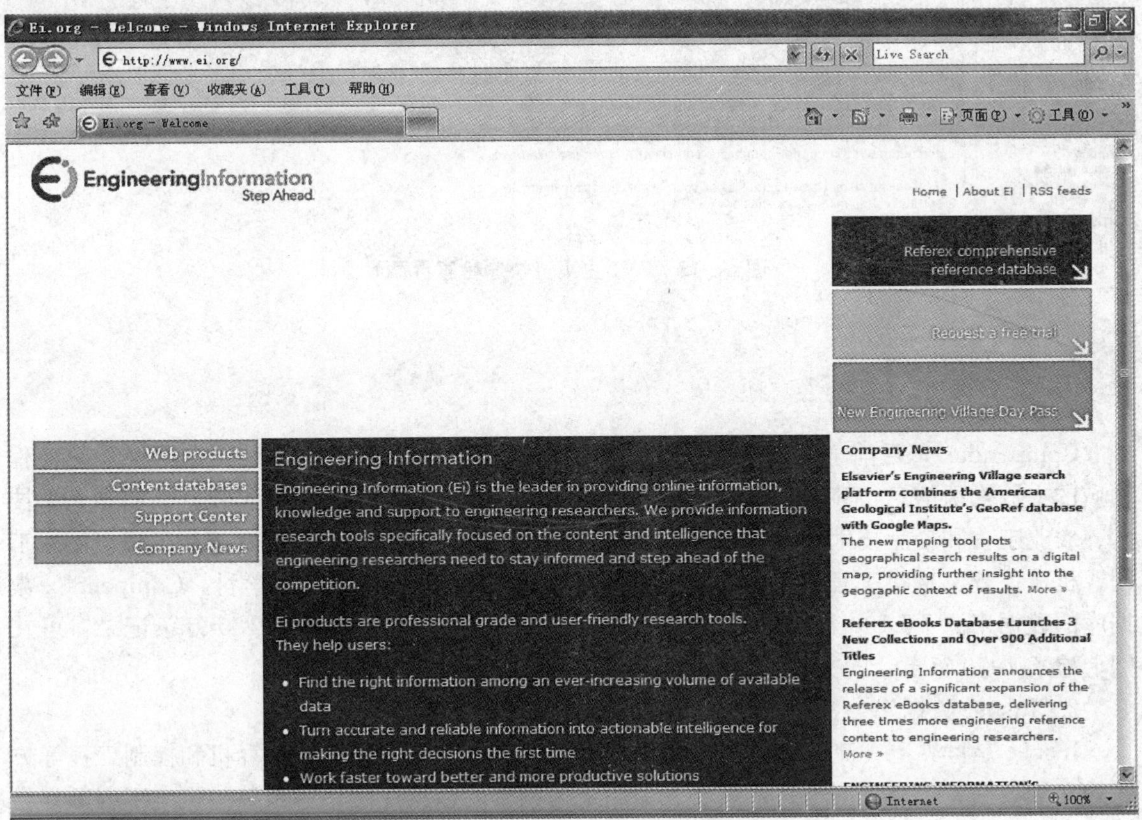

图6—12　EI Village总部主页

EI公司从1992年开始收录中国期刊，于1998年在清华大学图书馆建立了EI中国镜像站。有关收录中国期刊的情况可通过http://www.ei.org.cn/twice/coverage.jsp了解。EI Village现在使用的检索平台为Engineering Village 2，简称EV2，数据库有所增加，主要包括Compendex、Inspec、NTIS、PaperChem、Chimica & CBNB、EnCompassLIT、EnCompassPAT、GEOBASE、EIPatents、Referex等数据库，如图6—13所示。

EI Village数据库通过校园网IP控制使用权限，IP地址允许范围内的用户具有访问权。

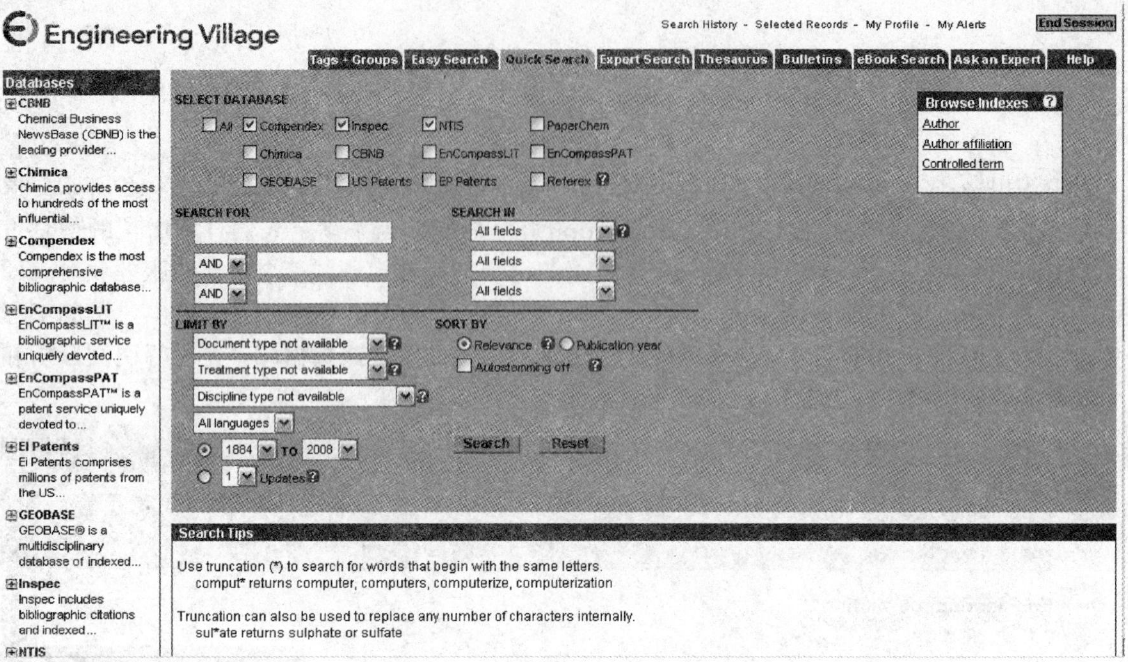

图 6—13　EV2 主页（快速检索界面）

二、数据库介绍

1. Compendex 数据库

Compendex 是目前全球最全面的工程领域二次文献数据库，侧重提供应用科学和工程领域的文摘索引信息，涉及核技术、生物工程、交通运输、化学和工艺工程、照明和光学技术、农业工程和食品技术、计算机和数据处理、应用物理、电子和通信、控制工程、土木工程、机械工程、材料工程、石油、宇航、汽车工程以及这些领域的子学科。Compendex 数据库的数据来源于5 100 种工程类期刊、会议论文集和技术报告，含 1 130 万条记录，可在网上检索 1970 年至今的文献。

2. Inspec 数据库

Inspec 是世界上一流的关于电子和电气工程、物理、信息技术、计算机和控制工程等方面的文献数据库，是理工学科最重要、使用最为频繁的数据库之一，由英国机电工程师学会（IEE，1871 年成立）创建。该数据库每周更新，每年增加超过 600 000 个新记录。目前在网上可以检索到自 1969 年以来全球 80 个国家出版的 4 000 多种科技期刊、2 000 多种会议论文集以及其他出版物的文摘信息，其中期刊约占 73%，会议论文约占 17%，发表在期刊的会议论文约占 8%，其他约占 2%。

3. NTIS 数据库

美国政府报告提供有关由美国政府资助的科研及发展项目的信息，它是由美国国家技术情报服务处及商业部编辑的。NTIS 数据库中包括 240 家政府机构解密的文摘、公开的报告和分析，以美国政府立项研究及开发的项目报告为主，少量收录西欧、日本及世界各国（包括中国）的科学研究报告。该数据库涵盖几百个专题，其中有：行政管理、农业和食品、行为科学与社会学、建筑物、商业和经济、化学、土木工程、能源、卫生规划、图书馆及情报科学、材料科学、医学和生物学、军事科学、交通运输等。数据库中还提供了参照号，据此可向有关机构索取报告的全文。NTIS 可以用于判定是否有政府报告或政府资助的研究项目存在。

三、检索方法

1. 快速检索

快速检索方式下可以选择检索字段，进行三个字段之间的逻辑运算，具有文献类型限制、文献内容限制、文献语言限制、文献出版时间限制和检索结果排序的功能。

（1）逻辑运算。快速检索是由检索系统来进行字段间逻辑组配的检索方式。快速检索可以进行三个字段的逻辑运算，每个字段对应的文本框内可以输入多个检索词，检索词之间默认逻辑运算符为 AND，可以输入 OR 或者 NOT 来改变默认逻辑运算。

快速检索方式下 AND、OR、NOT 的优先级别相同。逻辑运算的顺序为输入框内的检索表达式优先，输入框内的逻辑运算顺序为自左向右。三个检索字段的逻辑运算顺序与选择的输入框间的逻辑运算符无关，而是按照输入框的排列先后进行运算。

快速检索只能进行三个字段之间的逻辑运算，超过三个字段则需要使用专家检索方式。

（2）检索字段。快速检索使用的检索字段有 15 种，见表 6—3。

表 6—3　　快速检索使用的检索字段

检索字段	中文含义	说明
All Fields	所有字段	对全部记录进行检索
Subject/Title/Abstract	主题/标题/摘要	主要针对文献内容进行检索
Abstract	摘要	在摘要字段中进行检索
Author	作者	对作者字段进行检索
Author Affiliation	作者机构	对作者所属机构和地址进行检索
EI Classification Code	EI 分类码	检索 EI 对文献分类后赋予的分类码
CODEN	期刊编码	用来检索期刊，该编码为 6 位字符，即期刊简写
Conference Information	会议信息	包括会议名称、举办日期、举办地点、会议编码
Conference Code	会议编码	
ISSN	国际刊号	
EI Main Heading	EI 主标题词	是标引用的受控词，用其标引和排列文献
Publisher	出版单位	
Serial Title	出版物题名	刊名、会议录名、专著名
Title	标题	文献标题
EI Controlled Term	EI 受控词	EI 词典包括 1.8 万受控词

（3）文献文体类型限制。EV2 检索平台提供文献类型限制，可选文献类型包括核心期刊、期刊论文、会议论文、会议录等 9 类，见表 6—4。

表 6—4　　EV2 文献类型

文献类型	中文含义	说明
All Document Types	所有文献类型	
CORE	核心期刊	
Journal Article	期刊论文	
Conference Article	会议论文	
Conference Proceeding	会议录	

续前表

文献类型	中文含义	说明
Monograph Chapter	专论章节	独立章节的专论
Monograph Review	专论综述	系统的专论，单卷或多卷连续出版
Dissertation	学位论文	
Unpublished Paper	未出版论文	从未出版的文献，收录时尚未出版的文献
Patents（before1970）	专利（1970年前）	EI1970年后不再收专利文献

EI Village具有一种根据文献的内容进行划分的文献分类，称为Treatment Type，这种划分不同于学科类别，具体划分方法见表6—5。利用这种类别限制，可以选择相应文献的内容进行检索。

表6—5　　EI Village文献内容分类

文献类型	中文含义	说明
All Treatment Type	所有类型	
Application	应用类	介绍材料、设备、概念、计算机程序、仪器、系统、技术等的应用或潜在应用的文献
Biographic	传记类	人物传记
Economic	经济类	涉及经济、消费数据、市场预测、市场研究的文献
Experimental	实验类	实验方法、实验仪器、实验结果的相关文献
General Review	综述评论	关于某学科的综述，介绍进展、研究现状等的文献
Historical	历史性	关于某学科的起源、后来发展的文献
Literature Review	文献回顾	关于某课题的很多参考文献、书目信息等的文献
Management Aspects	管理类	关于管理方法、管理科学、管理技术及其应用等文献
Numerical	数字类	数字数据和统计方面的文献，不包括数字方法
Theoretical	理论类	理论文献，包括数学法、演绎和逻辑方法、数字方法

（4）语种限制。

语种限制是对原始文献的语言进行限制，可以选择的语言包括英语、汉语、法语、德语、意大利语、日语、俄语、西班牙语。如果检索不属于这些语言的文献，可以在专家检索中用语言字段进行精确的限制。

2. 专家检索

专家检索需要手工编写检索表达式，因此这种方式增加了检索的灵活性。利用专家检索可以进行任意多字段和任意多个检索词之间的逻辑运算。在专家检索方式下，系统仍然提供了限制出版时间、选择输出结果排序的类型的功能。

（1）字段限制的使用方法。

字段限制符使用格式："XwnY"，其中X为检索词，Y为字段码（即字段名称缩写，一般为两个字母）。字段限制符和字段码大小写均可。

（2）逻辑运算符。

逻辑运算是专家检索通用的运算，逻辑运算符在各检索系统中的功能是通用的，只是不同系统逻辑运算顺序有所差异。EV2中的逻辑运算符有三个，分别是AND（与）、OR（或）和NOT（非），大小写均可。逻辑运算符的运算优先级别相同，多个逻辑运算时逻辑运算顺序为自左向右。逻辑运算顺序可以用括号来改变，当有括号时系统首先算括号内的逻辑运算。当逻辑运算和字段限制运算同时存在时，先进行字段限制运算。

（3）检索表达式的构造。

检索表达式可由逻辑运算符、字段限制符、截词运算符、词根检索符等构成。

例：逻辑运算符

computer wn TI and petroleum wn AB

字段限制符，双引号和大括号

“oil and gas”；{oil and gas}

截词运算符“*”

comput*

可查 computer、computers、computerize、computerization

词根检索符“$”

$management

可查 manage、managed、manager、managers、managing、management

3. 词典检索

词典提供了 EI Village 精选的 1.8 万受控词，可以通过词典检索检验自己拟定的检索词是否合适，把自己拟定的检索词输入，核对是否标准受控词，如果输入的词不是系统的受控词，系统把与非受控词相关受控词调出，以提供标准受控词检索途径。

词典具有检索、精确查找、浏览三种查找词语的功能。

词典检索的结果除了提供输入的检索词外，还提供上位概念词（Broader Terms）、下位概念词（Narrower Terms）和相关概念词（Related Terms），可用来扩大或缩小检索结果的范围。

可以选择多个受控词，并可设定检索时受控词间的逻辑运算关系，默认为或运算。

词典表浏览需要输入一个词，浏览显示该词前后的几个受控词，这些受控词按照字母排列，与词义无关。

4. 检索历史

检索历史是指数据库使用过程中，系统为每次检索保存检索表达式和命中文献信息，可以利用检索历史的组配功能重新组合检索表达式。检索历史的重新组合可以有两种情况：一是检索历史的组合；二是检索历史与其他检索词的重新组合。

例：

#1 petroleum wnTI

#2 (oil & gas) wnTI

在输入框中可以输入：

#1 or #2 或 #1 or #2 and computer wn AB

上述两式均合法，系统把#1和#2对应的检索表达式恢复进行重新组合，执行组合好的新检索表达式。

四、辅助索引

EV2 可以利用 8 种索引表的辅助功能，分别是作者索引（Author）、作者机构索引（Author Affiliation）、出版物标题索引（Serial Title）、出版单位索引（Publisher）、EI 受控词索引（EI Controlled Terms）、文献分类索引（Treatment Type）、文献类型索引（Document Type）和语言索引（Language）。利用索引浏览功能可以在检索之前查找相应的检索用词，并可获知数据库中是否有自己要检索的文献。

索引表提供查找功能，除了可以按照字顺查找需要的检索词以外，还可以利用查找功能检索需要的检索词，如可以在作者索引表中输入 Chen Qinghua，单击“Find”按钮，找到 Chen Qinghua，勾选该项，即可在快速检索或专家检索中进行作者检索，找到数据库收录的作者为 Chen Qinghua 的全部文献。

五、检索结果的输出方式

数据库检索结果可以直接浏览，逐篇阅读，也可以利用选择框进行选择，并下载、打印或者通过 E-mail 邮寄选择的文献。下载或邮寄文献的格式有三种，分别是全部信息、题录、题录加文摘，可以根据需要选择。

EV2 服务器提供了保存文献的功能，可以注册后在服务器上建立文件夹保存文献，最多可保存 80 篇文献信息。

第 6 节　全文电子期刊

一、Elsevier Science Direct On Site

1. 数据库简介

荷兰 Elsevier Science 公司出版的期刊是世界上公认的高品位学术期刊，该公司拥有 1 648 种电子全文期刊数据库，并已在清华大学图书馆设立镜像站点：Science Direct On Site（SDOS）。国内 11 所学术图书馆于 2000 年首批联合订购 SDOS 数据库中 1998 年以来的全文期刊。目前，校园 Science Direct Online 网址：http://www.sciencedirect.com/，主页如图 6—14 所示。

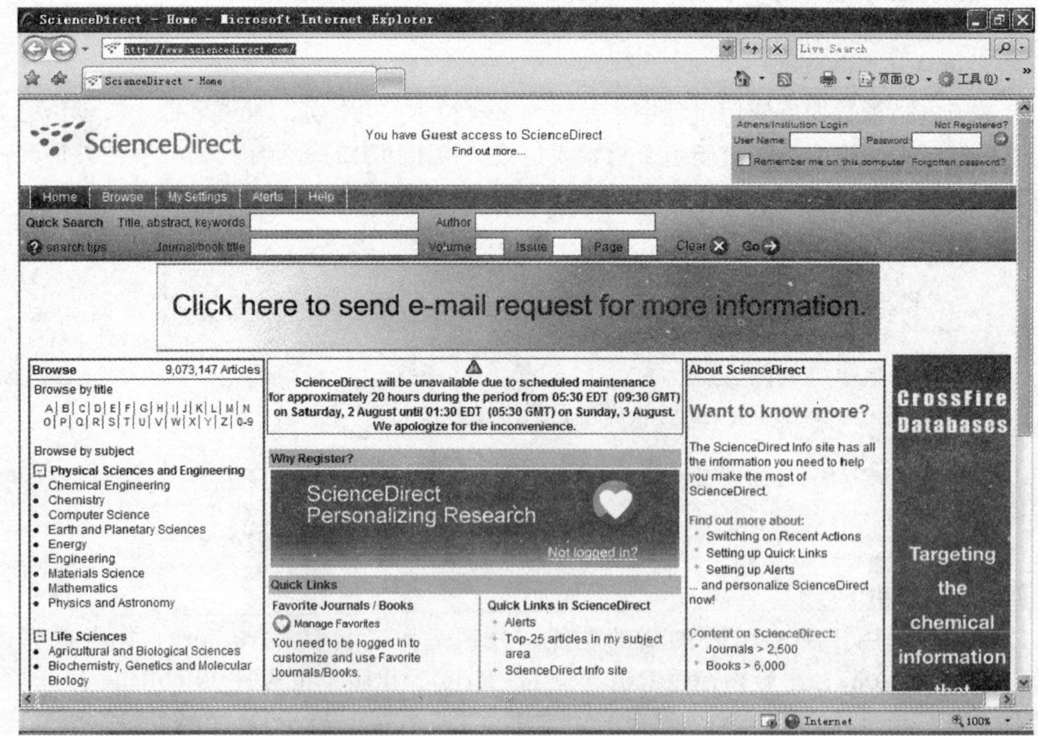

图 6—14　Science Direct Online 主页

该数据库采用校园网范围的 IP 地址控制使用权限，不需要账号和口令。

Elsevier Science 的全文电子期刊的学科分类如下：

(1) Agricultural and Biological Sciences（农业和生物科学）　133 种
(2) Chemistry and Chemical Engineering（化学和化学工程学）　220 种
(3) Clinical Medicine（临床医学）　291 种
(4) Computer Science（计算机科学）　124 种
(5) Earth and Planetary Science（地球和行星学）　118 种
(6) Engineering，Energy and Technology（工程、能量和技术）　280 种
(7) Environmental Science and Technology（环境科学与技术）　127 种
(8) Life Science（生命科学）　437 种
(9) Materials Science（材料科学）　135 种
(10) Mathematics（数学）　50 种
(11) Physics and Astronomy（物理学和天文学）　165 种
(12) Social Sciences（社会科学）　291 种

网上浏览期刊全文（PDF 格式）需要使用 Acrobat Reader 软件，如果您的计算机上尚未安装，可到“图书馆主页→读者服务→软件下载”中去下载安装 Acrobat Reader。利用 Acrobat Reader 可以将阅览到的全文直接打印和存盘。存盘的文件仍需要用 Acrobat Reader 软件浏览。

2. 数据库检索指南

(1) 简单检索。

单击页面左侧的“Search”按钮，进入简单检索界面。

简单检索界面分为上下两个区，即检索内容输入区和检索结果的限定区。输入检索内容后，可输入区中选择“Search in All Field（所有字段）”、“Search in Title（文章标题）”等，再利用限定区，限定检索结果的出版时间、命中结果数及排序方式，而后单击“Search”按钮，开始检索。

在检索结果中可以查看文章的前言、下载文章、查看相关文章等。

(2) 高级检索。

如果需要进行更详细的检索，在简单检索的界面或检索结果的界面中，单击右侧的“Advanced Search”进入高级检索界面。

高级检索除增加了“ISSN（国际标准刊号）”，“PII（Published Item Identifier，出版物识别码）”，“Search in Author Keywords（作者关键词）”，“Search in Text Only（正文检索）”等检索字段外，还增加了学科分类、文章类型、语种等限定条件，可进行更精确的检索。“正文检索”指的是在正文中检索而不是在参考文献中进行检索。在“论文类型”（Article type）的限定中，“Article”表示只显示论文；“Contents”表示只显示期刊题名；“Miscellaneous”表示只显示其他题材的论文。

(3) 浏览途径。

系统提供按字顺（Alphabetical List of Journals）和按分类（Category List of Journals）排列的期刊目录，分别组成期刊索引页或期刊浏览页界面。用户可在期刊索引页中选择浏览的途径（字顺或分类），在期刊浏览页中选择自己所需的刊名。

选中刊名后，单击刊名，进入该刊所有卷期的列表，进而逐期浏览。单击目次页页面右侧

的期刊封面图标，可链接到 Elsevier Science 出版公司网站上该期刊的主页（此为国外站点）。

在期刊索引页或期刊浏览页上方设有一个检索区，可进行快速检索。

用户可在左侧检索框中输入检索词，再利用右侧下拉菜单选择检索字段。检索字段包括："All Fields（所有字段）"、"Citation & Abstract（题录和文摘）"、"Author Name（作者名）"、"Article Title（文章标题）"、"Abstract（文摘）"等。在期刊浏览页上方的检索区中，还可利用另一下拉菜单选择"All of Electronic Journals（所有电子期刊）"、"Just This Category（某一学科分类）"或"Just This Journal（某种期刊）"检索字段，进行期刊种类的限定。检索策略确定后，单击"Search"按钮，进行检索。

（4）打印全文。

单击 Acrobat Reader 命令菜单上的打印机图标，可直接打印该文章。

（5）保存全文。

若利用 Acrobat Reader 9.0 版本浏览全文，可直接使用命令菜单按钮保存该文件（PDF 格式）。否则需返回期刊的目次页，在欲保存的论文题名下，选中"Article Full Text PDF"按钮，单击鼠标右键，从弹出的菜单中选择"目标另存为"，保存该论文（PDF 格式）。

保存检索结果的题录：对欲保存的期刊或论文的题录，选中其题名前的小框，而后单击"Save Checked"按钮，即可生成一个新的题录列表。从浏览器的"文件"菜单，选择"另存为"，可按 .TXT 格式或 .HTML 格式保存题录。

二、IEEE/IEE Electronic Library

1. 简介

IEEE/IEE Electronic Library（IEL）数据库提供 1988 年以来，美国电气电子工程师学会和英国电气工程师学会出版的 150 多种期刊、5 670 多种会议录、近 1 390 种标准的全文信息。用户通过检索可以浏览、下载或打印与原出版物版面完全相同的文字、图表、图像和照片的全文信息。

2. 检索方法

直接输入网址 http://www.ieee.org/ieeexplore 进入 IEL 主页后，在页面左侧"Tables of Contents"和"Search"栏目下分别列出了 IEL 数据库不同的检索方式，单击相应的选项选择检索方式。

（1）期刊查询（Journals & Magazines）。

1）系统显示前 10 个期刊名的列表。

2）如果已知期刊名的第一个词的首字母，直接单击页面上的该字母，系统将列出以该字母开头的期刊列表。

3）如果已知期刊名的某个关键词，在输入框内输入该词，然后单击"Browse"按钮，系统将列出含有该关键词的期刊列表。

4）从列表中选择所需期刊，单击刊名，系统将列出该刊当年的卷期和往年的年号。

可选择相应的年限和卷期，查询当期目次；也可在页面右侧的输入栏内输入检索词，在该刊的范围内查询符合检索条件的文献。

单击每篇文献下方的"Abstract"或"Full-Text：PDF"可浏览文摘或原文。

（2）会议录查询（Conference Proceedings）。

1）系统显示前10个会议录列表。

①如果已知会议录名的第一个词的首字母，直接单击该字母，系统将列出以该字母开头的会议录列表。

②如果已知会议录名的某个关键词，在输入框内输入该词，单击“go”按钮，系统将列出含有该关键词的会议录列表。

2）从列表中选择所需会议录，单击该会议录名，系统将显示该会议召开时间。

3）单击该时间，系统显示该会议录目次；或在页面右侧的输入栏内输入检索词，在该会议录的范围内查询符合检索条件的文献。

4）单击每篇文献下方的“Abstract”或“Full-Text：PDF”可浏览文摘或原文。

（3）标准查询（Standard）。

1）系统显示前10个标准列表。

2）如果已知标准第一个词的首字母，直接单击该字母，系统将列出以该字母开头的标准列表；如果已知标准名的某个关键词，在输入框内输入该词，单击“go”按钮，系统将列出含有该关键词的标准列表。

3）从列表中选择所需标准，单击该标准名；系统将显示该标准标题。

4）单击文献下方的“Abstract”或“Full-Text：PDF”可浏览文摘或原文。

（4）作者查询（By Author）。

1）系统显示前50个作者列表。

①如果已知作者姓名的首字母，直接单击该字母，系统将列出以该字母开头的作者列表。

②如果已知作者名中的某个词，在输入框内输入该词，单击“go”按钮，系统将列出含有该词的作者列表。

2）从列表中选择所查询的作者，单击该作者名，系统将显示该作者发表的文献。

3）单击每篇文献下方的“Abstract”或“Full-Text：PDF”可浏览文摘或原文。

注意：在以上四种查询方式下，输入框内输入的词或词组之间不能使用逻辑算符。

（5）基本检索（Basic）。

1）在输入框内输入检索词。

2）选择检索字段；选择各字段间的逻辑关系。

3）选择限制条件“*”。

4）单击“Search”按钮，开始检索。

5）系统列出符合检索条件的文献，单击每篇文献下方的“Abstract”或“Full-Text：PDF”可浏览文摘或原文。

（6）高级检索（Advanced）。

1）在输入框内输入检索式。检索式构成：检索词＋逻辑算符<in>字段名。

2）选择限制条件“*”。

3）单击“Start Search”按钮，开始检索。

4）系统列出符合检索条件的文献，单击每篇文献下方的“Abstract”或“Full-Text：PDF”可浏览文摘或原文。

三、Springer Link

1. 数据库简介

Springer电子期刊数据库是德国施普林格（Springer-Verlag）世界著名科技出版集团的

产品，通过 Springer Link 系统提供学术期刊及电子图书的在线服务。该系统收录 1996 年至今的期刊，对 1996 年以前的期刊将逐步开通。Springer Link 中的大多数全文电子期刊是国际重要期刊，是科研人员的重要信息源。网址为：http://www.springerlink.com/，主页如图 6—15 所示。

图 6—15 Springer Link 国内镜像

2. 检索途径

检索时，可在登录主页后在输入框中直接输入检索词，然后单击“提交”按钮进行检索，也可以单击“高级检索”按钮进行精确检索。

复习思考题

1. 中国高等教育文献保障系统（CALIS）的主要服务内容有哪些？
2. 谈谈中国期刊网和中文科技期刊数据库检索方法的异同。
3. 超星数字图书馆阅读器有哪些特殊功能？
4. 书生之家数字图书馆的检索方法有哪些？请实际检索。
5. 在本章所学的综合数据库中，各数据库怎样进行高级检索？
6. 怎样检索论文被引情况？

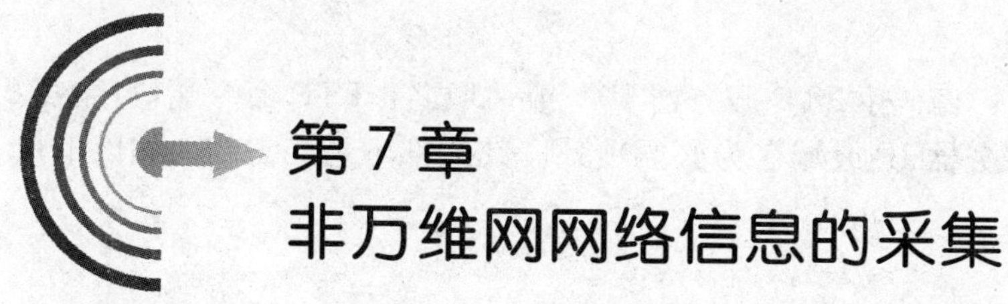

第7章 非万维网网络信息的采集

小王是某公司办公室职员，他利用业余时间学研究生课程，要参加全国的经济学统考，才能获得硕士学位。为此，他在工作之余经常上网查找统考的相关信息，后来找到了一个BBS（网址为 http://bbs. yuloo. com/），上面有大家交流的心得体会，也有复习资料，其中有一个观点深深地吸引了他，即考试题目有一定的规律。于是小王把历年的考题找出来（历年的考题也是从网上找的），认真阅读以后发现那个观点是有道理的，然后他就有针对性地进行了复习，最终顺利通过了统考。

本章重点知识

- FTP 资源的采集和利用
- Mailing List、Usenet
- Telnet
- BBS

第1节　FTP

一、FTP 简介

FTP 是 TCP/IP 协议组中的协议之一，该协议是 Internet 文件传送的基础，它由一系列规格说明文档组成。其目标是提高文件的共享性，使用户透明、可靠、高效地传送数据。

1. FTP 服务器和客户端

同大多数 Internet 服务一样，FTP 也是一个客户/服务器系统，用户通过一个客户机程序连接在远程计算机上运行的服务器。依照 FTP 协议提供服务，进行文件传送的计算机就是 FTP 服务器，而连接 FTP 服务器，遵循 FTP 协议与服务器传送文件的电脑就是 FTP 客户端。用户要连上 FTP 服务器，就要用到 FTP 的客户端软件，通常 Windows 自带“ftp”命令，这是一个命令行的 FTP 客户程序，另外常用的 FTP 客户程序还有 CuteFTP、WS_FTP、FlashFTP、leapFTP 等。

2. FTP 登录

（1）用户授权。

要连上 FTP 服务器（即“登录”），必须要有该 FTP 服务器授权的账号和密码。

(2) FTP 地址格式。

FTP 地址："ftp://用户名：密码@FTP 服务器 IP"或"域名：FTP 命令端口/路径/文件名"。其中的参数除 FTP 服务器 IP 或域名为必要项外，其他都不是必需的。如以下地址都是有效 FTP 地址：

ftp://foolish.6600.org。

ftp://list:list@foolish.6600.org。

ftp://list:list@foolish.6600.org:2003。

ftp://list:list@foolish.6600.org:2003/soft/list.txt。

(3) 匿名 FTP。

互联网中有很大一部分 FTP 服务器被称为"匿名"(Anonymous) FTP 服务器。这类服务器的目的是向用户提供文件复制服务，不要求用户事先在该服务器进行登记注册，也不用取得 FTP 服务器的授权。

匿名 FTP 一直是 Internet 上获取信息资源的最主要方式，在 Internet 成千上万的匿名 FTP 主机中存储着无以计数的文件，这些文件包含了各种各样的信息、数据和软件。人们只要知道特定信息资源的主机地址，就可以用匿名 FTP 登录获取所需的信息资料。虽然目前 WWW 环境已取代匿名 FTP 成为最主要的信息查询方式，但是匿名 FTP 仍是 Internet 上传输分发软件的一种基本方法。

二、FTP 搜索引擎

FTP 搜索引擎的功能是收集匿名 FTP 服务器提供的目录列表，向用户提供文件信息的查询服务。由于 FTP 搜索引擎专门针对各种文件，因而在寻找软件、图像、电影和音乐等文件时，使用 FTP 搜索引擎比 WWW 搜索引擎更加便捷。

链接基于 Web 的 FTP 搜索引擎也采用了很多 WWW 搜索引擎的策略，比如使用 Spider 自动收集数据、倒排索引、智能换页链接技术，以及大型 FTP 搜索引擎必须采用的分布收集和服务技术。

国内著名的 FTP 搜索引擎有：

http://bingle.pku.edu.cn/。

http://e.pku.edu.cn/，北大天网中英文 FTP 搜索引擎。

http://search.xjtu.edu.cn/，西安交大思源搜索。

国外著名的 FTP 搜索引擎有：

http://www.filesearching.com/，Chertovy Kulichki Inc. 的产品。

http://www.souborak.com/，internauci. pl 的产品。

http://www.filesearch.ru。

三、FTP 信息资源的获取

1. CuteFTP 软件的下载与安装

CuteFTP 是一个基于文件传输协议的软件。它具有相当友好的界面，方便我们进行文件的下载和上传。目前 CuteFTP 已经成为文件传输工具中的一个主流软件。CuteFTP 软件在很多网站都可以下载，安装后界面如图 7—1 所示。

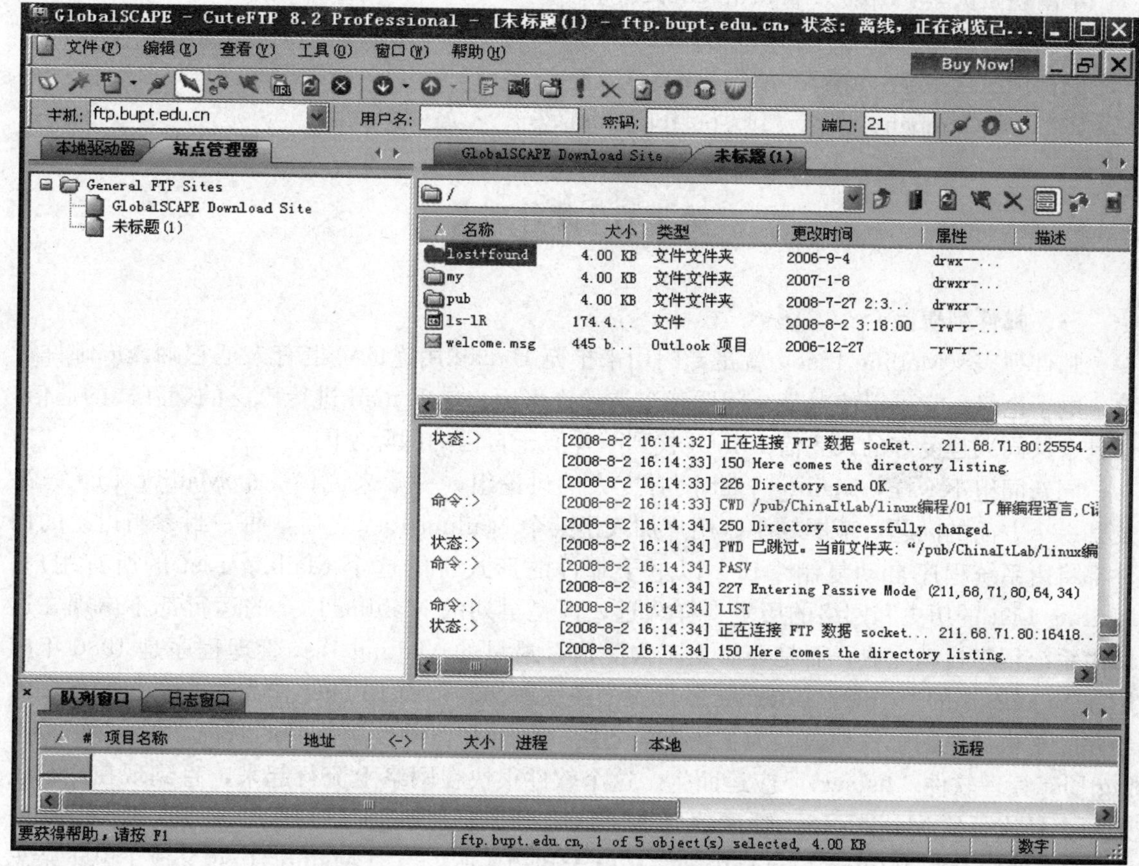

图 7—1　CuteFTP 界面

2. FTP 信息资源解读技巧

FTP 最终操作的是指定的远程服务器上的文件，而这些在 Internet 上的服务器大多运行着 UNIX 操作系统，并且文件多以压缩文件的形式存放。UNIX 是一个多用户的操作系统，它的目录组织形式和 DOS 是有所区别的。它的目录结构也是一个树形结构，根目录为“/”，路径由“/”来间隔。系统正式使用前，在根目录下，定义常用的子目录称为基本目录系统。例如：/dev 为设备子目录，/bin 为实用程序子目录，/lib 为库文件子目录，/etc为维护程序子目录，/usr 为通用程序子目录。出于目录安全和公用目录内的文件和数据安全考虑，如/dev、/bin、/etc 这些子目录一般不让匿名用户访问，/windows、/pc、/pub等目录允许客户上传文件，而其他的子目录一般不允许上传文件，因此在查找文件过程中，对服务器上的目录要有所认识。下载的压缩文件，一定要用相应的解压缩程序来还原。

四、知名 FTP 资源

最后推荐一些优秀且比较稳定的 FTP 站点：

北京大学：ftp://ftp. pku. edu. cn/。

北京邮电大学：ftp://ftp. bupt. edu. cn/。

大连理工大学：ftp://ftp. dlut. edu. cn/。

华南理工大学：ftp://ftp. scut. edu. cn/。

香港中文大学：ftp://ftp. cuhk. hk/。

成都中医药大学：ftp://210. 41. 208. 107/。

IBM PC Company：ftp://ftp. pc. ibm. com/。

第2节　邮件列表

一、邮件列表简介

邮件列表（Mailing List）就是专门用来扩充E-mail用途的，也有人把它翻译成邮件清单、电子论坛。它可以使对某一问题感兴趣的许多用户借E-mail进行广泛的交互式的通信，让具有共同兴趣爱好的人凭借E-mail找到一片属于自己的网际家园。

同新闻组不一样，Mailing List没有庞大的讨论组，一般来说，一个Mailing List只涉及某一个方面的问题，范围较小。用户加入了某个Mailing List之后，每一封参与讨论的信件都将由系统程序自动复制一份，以电子邮件的形式寄给这个Mailing List的所有用户。Mailing List的历史和网络的历史一样久远，但是早期的Mailing List的运行都不像现在这样由系统程序自动完成，而是要靠人工来完成。最早的Mailing List管理程序是1986年应用在BITnet上的。当时，Internet还仅仅处在发展初期，而BITnet作为一个学术网络，已经建立了供交流的邮件列表。为了改变最初用户管理和信件发送落后的状况，第一种Mailing List管理软件"listserv"应运而生。这个软件很快在网络上流行起来，直到现在，它还是两个最流行的Mailing List管理软件之一（另一个是"majordomo"）。今天，随着Internet的发展，有些Mailing List只用来发送电子刊物，所以有时Mailing List又成了电子杂志的代名词。

二、邮件列表的使用方法和技巧

下面简要介绍几个Mailing List来说明Mailing List的使用方法。其中，有的并不是标准的"交互式"的Mailing List。

1. 深沪股市行情

如果你正在投资股票的话，那么这个Mailing List对你再合适不过了。每天结束交易之后，它会把当天的沪市、深市的收盘情况，以及当天的指标排行发给你。

订阅地址：majordomo@shell. cninfo. co. cn。

订阅指令：信件正文写上subcribequotation。

取消订阅：信件正文写上unsubcribequotation。

2. 综合性中文邮件列表

综合性中文邮件列表是国内一些热心的网络通信爱好者义务维护的Mailing List，其中设立了不同类别的讨论区。

订阅地址：maillist@info. yz. js. cn。

订阅指令：subscribe＜讨论区名称＞。

讨论区的名称为：

m1-xx文艺讨论区"星星"；

ml-lt 技术讨论区“论坛”；

ml-ys 闲聊区“语丝”；

ml-bus 商业区；

ml-gm 游戏区。

订阅成功后，系统会回信告知使用帮助和如何取消订阅。如果想发信参与讨论，需要依讨论区的不同而分别寄往不同的地址。

文艺讨论区（ml-xx）：xx@info. yz. js. cn。

技术讨论区（ml-1t）：1t@info. yz. js. cn。

闲聊区（ml-ys）：ys@info. yz. js. cn。

商业区（ml-bus）：business@info. yz. js. cn。

游戏区（ml-gm）：games@info. yz. js. cn。

3. 业余无线电爱好者（HAM）

这是国内一些业余无线电爱好者为了更好地进行技术交流，建立起来的邮件列表，如果你也是“火腿族”，那么你也快点来一份吧。

订阅地址：ham—request@sss. cz. js. cn。

订阅指令：信件正文写上 subscribeham。

取消指令：信件正文写上 unsubscribeham。

发信讨论：收信方写为 ham@sss. cz. js. cn。

4. WinNews

这是 Microsoft 提供的 WinNews 电子新闻，通常每两周会发送一次 Windows 进程的更新版。这些更新版是按电子邮件方式直接寄送，既节省时间，也减少了用于检查这些更新版的 WinNews 服务器所带来的麻烦。

订阅地址：enews@microsoft. nwnet. com。

订阅指令：信件正文写上 subscribewlnnews。

取消订阅：信件正文写上 unsubscribewlnnews。

注意：由于 Mailing List 的运作是由程序控制的，所以订阅或退订指令的填写一定要依照所要求的格式；如果指令被要求写在正文里，就请一定写在第一行，Subject 处就不必填写内容。系统返回的有关信息一定要保存好以备查阅。一般来说，向订阅地址发出 Subject 或正文内容为 Help 的信件，可以收到比较详细的帮助信息。

大家参加 Mailing List 的交流是双向的，既可以看别人高谈阔论，又可以自己上阵发言。但是一个新手在初次上阵时，务必不要急于发言参加讨论，要先看看大家都在说些什么再加入。还需要提醒大家的是，在不了解情况时不要一次订阅很多的 Mailing List。有的 Mailing List 几天都没有一封信，而有的 Mailing List 的讨论却很热烈，每天有几十封甚至上百封的信。要是很鲁莽地订阅了很多 Mailing List，第二天肯定会被成堆的信吓坏不可。另外，在通过 Mailing List 以电子邮件的形式和对方进行交流时，在坚持原则立场的同时，一定要有宽容心，能够理解对方。由于社会、文化背景的不同，人们对事物的理解必然不同，有不同的意见是正常的，不要和对方进行无谓的争吵，即便是争论，也应该以交流为主旨。

希网网络是国内邮件列表常用的检索工具之一，网址为：http://www. cn99. com/主页如图 7—2 所示。

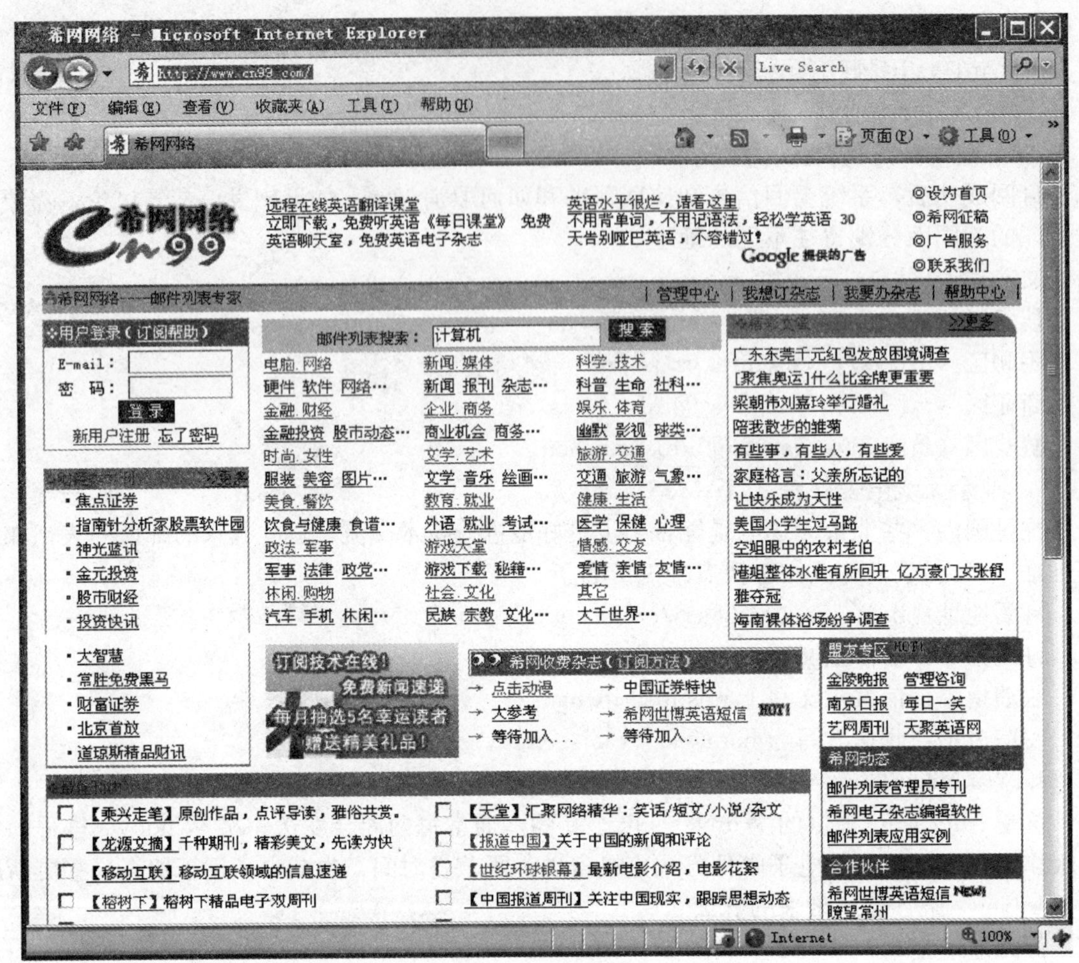

图 7—2 希网网主页

第 3 节 Usenet

Usenet 是讨论组的集合，它是一种分布式的网上论坛，由散布在全球的服务器节点所支撑。它由上万个版块组成，称为组。组按类别组织，例如：sci. chem. electrochem 表示电化学讨论组。常见的顶级类名有 comp（计算机）、news（关于 Usenet 本身话题）、sci（科技）、humanities（人文）、soc（社会）、biz（商业）、rec（娱乐）、talk（聊天）、misc（其他）等。所有的骨干节点都具有这“八大类”，所以又称为主流组。节点管理员可以自行选择开通一些非主流组如 alt 类的组、地域组和本地组，cn 类是中文的地域组。讨论组在国外由于历史长、专业组水平较高，具有很好的氛围，相比之下中文组要差一点。

由于节点之间通过对等转信保持同步，用户发出的信息很快就可以传遍世界。用户只要选择对他来说最快的服务器就可以了。国外的 ISP 通常都提供免费 Usenet 服务，学校、企业也会架设一个对内服务的服务器，选择性地转一部分讨论组。除此之外还有大量的商业服务器和免费服务器。

讨论组一般使用NNTP协议，客户端称为阅读器。视窗系统默认的阅读器是Outlook Express，此外还有很多功能更强又免费的阅读器可供使用，例如：雷鸟、XanaNews、Gnus、FreeAgent、Xnews等。在浏览器的地址栏里输入news：开头的地址也会打开默认的客户端，形式是（以yaako服务器为例）“news://news. yaako. com（或nntp://news. yaako. com)”。直接打开某个组（以cn. fan组为例）是“news：cn. fan或加上服务器地址news://news. yaako. com/cn. fan”。进入阅读器界面后，软件会显示所有讨论组的列表，读者可以选择或用关键词筛选出他感兴趣的组进入阅读。假如想长期关注某组，你可以“订阅”它，相当于加入收藏夹。新手上路建议订阅news. newusers. questions组，中文读者建议订阅cn. fan组。

讨论组的特点：

（1）完全以内容为中心，没有其他多余的元素，但它是最简洁高效的网上论坛。网页论坛吝于实现的基本讨论功能，如完善的搜索、过滤、多种排序方式、回复提示、主题跟踪等功能都能提供，因为这些都是阅读器完成的，服务器只提供标准信件格式的数据。服务器的能力和带宽限制了网页论坛所能实现的功能，讨论组则可以充分发挥客户端的处理能力。

（2）Usenet不属于任何组织或个人，它的架构决定了它的开放性。任何人只要提供邮件地址就可以加入讨论，所有观点都可以自由表达，评判和选择的权利在于读者。服务器的首要责任是保证信息的完整性，即使你自己的帖子大多数情况下也无法真正取消。这种特性当然也会带来一些缺点：某些组充斥了垃圾言论和广告邮件，必须进行过滤才可以阅读。和网页论坛相比，讨论组是可以由读者定制的，版主的权利还给了每个用户，每个人都能以自己的方式阅读。

第4节　Telnet和BBS

一、Telnet

Telnet是一个简单的远程终端协议。用户用Telnet就可在其所在地通过TCP连接注册（登录）到远地的另外一个主机（使用主机名或者IP)，例如要注册（登录）到寒泉BBS，可以输入：Telnet://bbs. nuc. edu. cn或者Telnet://202. 207. 177. 9。Telnet将用户的击键传到远地主机，同时也能将远地主机的输出通过TCP连接返回到用户屏幕。这种服务是透明的，因为用户感觉到好像键盘和显示器是直接连接在远程主机上。

Telnet的熟知端口是23，当然你也可以使用其他的端口登录到远程主机，只要这个端口在远程主机是开放的。

Telnet登录方法：

“开始”→“运行”→“cmd”，弹出DOS提示符状态，输入Telnet网址就可以登录了，或者输入Telnet然后输入open网址，比如输入“telnet bbs. nuc. edu. cn”就可以以Telnet方式登录到寒泉BBS。用Telnet登录水木清华（202. 112. 58. 200）的BBS如图7—3所示，用Web浏览器登录水木清华的BBS如图7—4所示。

二、BBS

电子公告板系统（Bulletin Board System，BBS）是Internet上的一种电子信息服务系统。它提供一块公共电子白板，每个用户都可以在上面书写，可发布信息或提出看法。大部

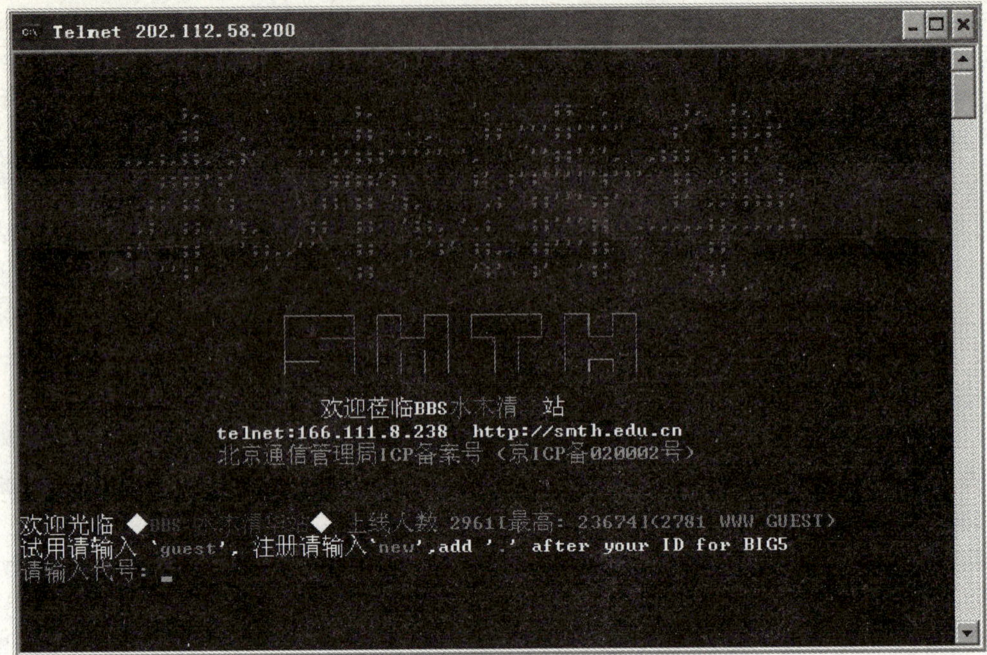

图 7—3　以 Telnet 方式登录水木清华的 BBS

图 7—4　以 Web 方式登录水木清华的 BBS

分 BBS 由教育机构、研究机构或商业机构管理。

像日常生活中的黑板报一样，电子公告板按不同的主题、分主题分成很多个布告栏。布告栏的设立依据是大多数 BBS 使用者的要求和喜好，使用者可以阅读他人关于某个主题的最新看法（几秒钟前别人刚发布过的观点），也可以将自己的想法毫无保留地贴到公告栏上。同样地，别人对你的观点的回应也是很快的（有时候几秒钟后就可以看到别人对你的观点的看法）。如果需要私下的交流，也可以将想说的话直接发到某个人的电子信箱中。如果想与正在使用的某个人聊天，可以启动聊天程序加入闲谈者的行列，虽然谈话的双方素不相识，却可以亲近地交谈。

在 BBS 里，人与人之间的交流打破了空间、时间的限制。在与别人进行交往时，无须考虑自身的年龄、学历、知识、社会地位、财富、外貌、健康状况，而这些条件往往是人们在其他交流形式中无可回避的。同样地，也无从知道交谈的对方的真实社会身份。这样，参与 BBS 的人可以处于一个平等的位置与其他人进行任何问题的探讨。这对于现有的所有其他交流方式来说是不可能的。

BBS 站往往是由一些有志于此道的爱好看建立，对所有人都免费开放。而且，由于 BBS 的参与人众多，因此各方面的话题都不乏热心者。可以说，在 BBS 上可以找到任何你感兴趣的话题。

一些热门的 BBS 如下：

（1）水木社区（http://www. newsmth. net）：源自清华大学，社会 BBS，主要讨论技术类话题，面向社会开放注册。

（2）北邮人论坛 BBS（http://bbs. byr. edu. cn）：北京邮电大学 BBS，高校 BBS，主要是该校生交流，面向社会开放注册。

（3）新一塌糊涂 BBS（http://bbs. newytht. net）：源自北京大学，社会 BBS，主要讨论人文社科、经验信息类话题，面向社会开放注册。

其他在线较多的 BBS 还有：饮水思源 BBS（bbs. sjtu. edu. cn）、兵马俑 BBS（bbs. xjtu. edu. cn）、蓝色星空站（bbs. scu. edu. cn）、大话西游 BBS（bbs. zixia. net）等。

复习思考题

1. 利用 FTP 搜索引擎查询自己感兴趣的事情。
2. 分别注册 Mailing List，Usenet，感受一下。
3. 注册使用一个 BBS。

第 8 章 网络信息编辑

随着互联网的发展，2005 年，劳动和社会保障部（现人力资源和社会保障部）公示了第三批十种新行业，“网络编辑员”名列其中。网站编辑已成为最热门的 IT 职业之一。目前中国网站编辑队伍有 300 万，远超出传统媒体的编辑队伍。网站编辑也不再是互联网专有，很多企业开始注重对企业网站的建设。

本章重点知识

- 判断信息的价值
- 网络信息的写作

第 1 节　信息筛选

一、网络信息的价值判断

一般来说，网络信息的价值判断主要包括：真实性判断、权威性判断、时效性判断、趣味性判断、实用性判断等。

1. 网络信息的真实性

网络信息的真实性，首先是指信息中涉及的事物是客观存在的，其次是指构成信息的各个要素都是真实的。

网络信息反复传播的可能性非常大，但是否真实却难以保证。因此，当一个网站要将自已从不同渠道收集来的信息进行再次传播时，就需要特别注意对这些信息的真实性进行考察。

那么如何判断信息的真实性？首先，要查看信息来源；其次，要判断信息要素是否齐全。在新闻学界，新闻信息的真实性由三个层面组成：

（1）事实真实：新闻中的基本要素、所涉及的细节、所引用的一切资料都应真实准确，有可靠的来源。

（2）总体真实：对所报道的同类事实有总体的了解与认识。

（3）提示事物的本质：应能通过事实的报道而提示该事实发生发展的原因及本质。

2. 网络信息的权威性

判断信息的真实性，首先要看信息来源是否具有权威性，例如国家权威部门、权威新闻机构、权威学术杂志等。对于涉及一些重大问题的研究成果，还要同时考察其研究方法是否科学，研究是否具有代表性、普遍性等。

3. 网络信息的时效性

在时效性的判断方面，要区分以下几种情况：

（1）事实本身的发生或变动是突发性或跃进性的，在第一时间做出报道。

（2）事实本身的变化是渐进的，在事实变动中找到一个最新、最近的时间点，实现时效性。

（3）信息所涉及的事件是过去发生的，但是是新近才发现或披露出来的，说明得到信息的最新时间、来源。

4. 网络信息的趣味性

网络信息的趣味性表现为：

（1）信息本身内容轻松有趣，能让人读后心情愉快。

（2）信息能引发人们的情感，如人的爱憎、喜悦、同情等。

马斯洛的理论给我们一个重要的启示，人的需要是多方面、多层次的，在不同阶段有不同的侧重。

5. 网络信息的实用性

网络信息的实用性表现为：介绍知识、提供资料、直接服务等多方面。

二、与网络信息收集有关的知识产权问题

1. 网络在知识产权方面存在的问题

知识产权在民法中的定义：智力成果的创造人依法所享有的权利和生产经营活动中标记所有人依法所享有的权利的总称，包括著作权和工业产权，工业产权是指商标权和专利权。

目前网络侵犯知识产权的形式主要有：版权即著作权侵犯、商标侵权、域名纠纷。

2. 与网络知识产权有关的几个问题

（1）著作权人的网上权利。著作权人网上的权利包括：网络传输权，转载、摘编权，下载权。

（2）网络侵权。未经版权人允许，在网络上传播作品的行为也是对版权人著作权的侵犯。

（3）网络应用主体及其责任。网络应用主体可分为：内容提供商、服务提供商和信息接受者。

信息接受者的权利：浏览本身不构成侵权，下载是否构成侵权，则需要根据版权制度中的“合理使用”原则加以判断。

“合理使用”的原则：为个人的学习、研究、欣赏的目的而使用作品，是允许的，属于“合理使用”，无须取得权利人的许可，也不需要向权利人支付费用。

第 2 节　网络信息制作

一、单篇稿件的加工

稿件的加工，其中一个主要的任务是，对采集来的稿件进行修改。修改稿件，可以分为两种：一种称为“绝对性修改”，即原稿中的确存在观点、事实等方面的错误，编辑的任务是发现并改正这些错误，一般都称为“修改”。另一种修改称为“相对性修改”，即稿件本身没有太大缺陷，但是在篇幅、角度等方面与本网站的要求有一定距离，或者不完全符合网络

传播的要求，一般都称为“提炼”。

1. 稿件的修改

传统新闻的体裁包括：消息、通讯、特写、评论等，其中最有代表性的是消息。消息是最直接、最简练地报道最新发生的新闻的一种体裁。

一般报纸上标有“本报讯”的文章都是消息。消息有固定的结构样式，网络中的信息性质大部分与消息相似。因此，了解消息的写作模式，对我们进行网络信息的写作有很大的帮助。

（1）消息写作的基本模式。

一条消息由导语和主体部分组成。导语的写作是以凝练的形式、简洁的文字，表述消息的中心内容。消息导语，即消息的开头部分。一般指开头部分的头一句或几句话，或第一个自然段。消息导语是消息这一文体特有的概念，是消息与其他文体区别的重要特征。

导语写作的一般准则：要突出全篇的中心并且吸引读者的注意力。一条优秀的消息导语须具备的品格是：第一，开启全篇，吸引读者；第二，包含并突出了新闻最有新闻价值的内容；第三，表现新闻事实的时新性；第四，简短。

导语写作的常用方式如表 8—1 所示。

表 8—1　　导语写作常用方式

叙述性导语	直接对新闻事实中最主要、最新鲜的内容进行摘要或归纳，用事实说话
描写式导语	对主要事实或事实的某个侧面，做简练而有特色的描写，给人提供一个具体可感的形象
评论或结论式导语	以画龙点睛式的说理议论，提出观点和结论
提问式导语	即把新闻报道中已经解决的问题用设问方式提出来，而后用事实加以回答

主体是新闻的主干部分，也是新闻的展开部分。主体部分的常用结构形式见表 8—2。

表 8—2　　主体常用结构形式

倒金字塔式	按照新闻内容的重要程序或读者关心的程序先主后次地安排事实材料
按时间顺序组织材料	以时间为组织材料的线索，有助于人们认识事物的全貌
按逻辑顺序组织材料	有利于反映出事物的内在发展规律，提示事物的本质特点与意义

（2）网络信息写作的形式。

1）超文本结构的写作。

网络信息的写作形式，首先建立在超文本这一核心思想之上。超链接打破了传统信息文本的线性结构，它带来的影响可以表现在以下两方面：一是可以对一些重要概念进行扩展，既可以使用注释的方式，也可以链接到相关网页。二是可以改变传统的写作模式。

2）动态写作。

网络信息由于时效性的需要，往往把写作过程变成了一个开放的动态过程。它通过记录每一个重要时间点的信息，以最快的速度将信息传达给网民。这种动态写作方式发展到现在，便出现了“文字直播”的方式。

随着多媒体技术的成熟，文字直播也可能被视频直播所取代。文字直播的基本要求：首先，观察应该仔细、准确；其次，要抓住主要细节或线索；最后，文字要简洁。

3）多媒体化表现。

多媒体化的信息表现形式趋势是：在同一报道中，将文字、声音与视频等多种媒体手段有机地结合在一起。

4）网络信息的易读性。

易读性是指读者是否容易阅读和理解一段文字。从网络特点出发，结合文字的易读性，网络信息写作中，下列原则是应该注意的：文章宜短，段落宜短，句子宜短，文字应该朴实。

2. 稿件的改正

稿件的改正指改正稿件中不正确的内容和写法，包括稿件中的事实、观点、语法、修辞、逻辑等方面。需要改正的错误具体包括：错别字、语法错误、标点错误、数字与单位的错误、逻辑错误、知识性错误、事实性错误、观点性错误等。

3. 稿件的增补

稿件增补是为了补充原稿中交代不清或不足的内容。

4. 稿件的提炼

稿件提炼主要是根据自己网站的传播需要，对稿件进行的结构性的调整。一般分为两类：缩减篇幅、改变角度。

5. 稿件的标题制作

传统新闻标题制作的基本要求是：必须标出新闻事实，新闻事实要有确定性。

（1）实题与虚题。

实题即指表意实在、具体的标题，其特点是具体标明新闻事实，如叙述具体的人物、动作和事件等，让人一眼就能看到“有形”的事实。例如《人民日报》的一则标题：

（引）安徽省的一桩奇事

（主）6.2 公里铁路建成 10 年不通车

这一标题的主标题，就是具体报道短短的 6.2 公里铁路，建成 10 年尚未通车这一事实的。

虚题即表意形象感不强，虚化、抽象的标题。它以说理为主，揭示新闻的本质，阐明其意义，讲清道理、原则和愿望等。例如《光明日报》的一则标题：

（主）不识特殊真面目　只缘身在此特殊中

标题巧改苏东坡诗句，对搞特殊化的干部进行善意的批评，哲理性较强。

（2）消息标题的结构。

从结构上看，一般将消息标题分为单一型和复合型两种。

1）单一型：只有主题，没有辅题。

2）复合型：在主题之外，包含辅题，辅题分为引题和副题两种。

①主题：用来说明新闻中最重要或是引人入胜的事实和思想，是标题中最主要的成分。主题在整个标题中字号最大，位置最为显著。主题可以是实题，也可以是虚题，如是虚题，则一定还有实题性质的辅题。

②引题：位于主题之前，引出主题，可为实题，也可为虚题。

③副题：位于主题之后，用事实对主题进行补充或解释，一定为实题。

（3）消息标题的制作。

1）实题的制作。

进行实题的制作的原则：

①准确：是标题制作的核心原则，要求标题要突出新闻的实质与精华，还要以偏概全，要抓住新闻的主要事实，表达要准确而简洁。

②新意：要将新闻内容中最具有新意的事实放在标题中。

③具体：对于会议、报告、计划、工程、形势等的新闻报道，标题应该突出其中一个或几个方面，例如读者最关心、最让人疑惑的方面等。

④全面：如果新闻中涉及事物的几个方面，而这几个方面同样重要，就需要将有关内容都反映出来，只谈事物的一面，而忽略另外一面，容易对读者形成误导。

2）虚题的制作。

虚题的制作应体现以下要求：首先，要真正有利于深化实题；其次，感想或议论应有充分的依据；最后，要富于个性。

3）标题的润饰。

标题润饰常用的方法有：活用动词，巧用比喻、拟人，翻译科技词汇，借用古诗词、俗语、流行歌曲，用“数字”、“符号”说话。

二、多篇稿件的整合

稿件的整合是指将某一方面或主题的稿件集中起来在网页中发表，或者利用超链接等方式，将有联系的稿件链接起来。

通过稿件的整合，可以强化人们对某一方面的信息的印象，也可以将不同来源的信息进行对照比较，使人们获得关于某一事实的更为全面的印象。

稿件整合的方法，主要有三种：一是以某一稿件为中心，围绕它补充相关材料；二是以某一事件为中心，将与事件相关的所有信息组织在一起；三是以某一主题为中心，将所有现有的材料整合到一起。

1. 围绕稿件进行整合

（1）补充背景资料。

一般来说，背景资料可以有以下几种：

1）历史背景：介绍当前发生的新闻事件的历史背景。

2）有关人物：介绍有关事件中出现的人物的生平。

3）地理资料：对稿件中出现的地点，配上相关地理资料。

4）相关知识：与主题相关的知识。

（2）补充图片与图表。

（3）将同类或相关报道集中在一起。

2. 围绕事件进行整合

当某些事件十分重大，具有显著的现实意义时，或是影响十分重大时，可以把这个事件作为稿件组织的中心，围绕事件进行稿件的整合。在网络中，这种方式通常称为“专题”或“专题报道”。

专题策划与组织的思路有：

（1）确定什么样的事件需要用专题的形式进行传播。

（2）确定专题所应包含的栏目。

3. 围绕主题进行整合

围绕主题进行整合比围绕事件进行整合应用范围更广，使用也更灵活。

三、网络信息的组织

网络信息组织的原则是：高效导读、恰当评价、物尽其用。

1. 高效导读

报纸阅读与网络阅读的不同之处：

(1) 阅读报纸可以依据上下文获得阅读情境，但网络阅读较复杂，效率不高，难以获得完整的信息。

(2) 在网络阅读中，读者自主性受到影响。

(3) 报纸的阅读轻松简便，而网页的阅读需要频繁地使用鼠标点击导航条或链接对象，阅读过程需要很多附加动作，影响阅读进度。

(4) 报纸栏目名称是否准确恰当，相对来说不会影响读者的整体判断，但网页的各栏目名称则对导读起着重要作用。

由此可见：网站整体信息组织的首要原则，就是方便读者阅读并获取信息。

2. 恰当评价

在对网络信息进行组织时，应该体现编辑对信息价值的判断，即能够让用户明确哪些信息是重要的，是必须知道的。一般来说，可以从下列角度对不同信息价值大小进行比较：

(1) 从信息可能产生的影响大小、范围等方面进行判断；

(2) 从信息中诸要素（人物、时间、地点等）的重要性与影响力方面进行判断；

(3) 从信息与人们的接近性进行判断；

(4) 从信息的时效性进行判断；

(5) 从信息的权威性进行判断。

3. 物尽其用

(1) 文字信息：适用范围最广，善于表达复杂深刻的内容，易于采集、加工和处理。

(2) 图片信息：易读，从表现力方面看，简洁而有力，能够活跃页面。

(3) 声音信息：可以帮助人们感受气氛，体会情绪，可以起到证实的作用。

(4) 视频信息：是结合了图片与声音两者长处的信息形式。

在网络信息的组织中，“物尽其用”的原则是，针对信息本身内容特点和接收信息的用户的特点，进行多媒体的有机组合，扬长避短，相互补充。

复习思考题

1. 稿件的改正主要包括哪些方面？
2. 稿件整合的方法主要有哪些？

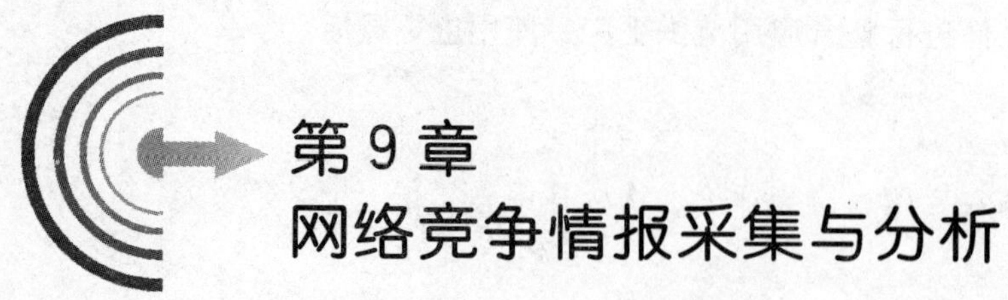

第9章 网络竞争情报采集与分析

比尔·盖茨在其《未来时速》一书中写道："将您的公司和您的竞争对手区别开来的最有意义的方法，使您的公司领先于众多公司的最好方法，就是利用信息来干最好的工作。您怎样收集、管理和使用信息将决定您的输赢。"

微软公司曾经因为判断失误，未投入全力开发网络浏览器项目，致使网景公司得以一度占据高达80%以上的市场份额。为了重新夺取网络浏览器市场，微软充分发挥了竞争情报研究部门的特长，每月定期监测网络浏览器市场占有率的变化，以此作为微软公司制定网络浏览器市场策略的指导方针。竞争情报帮助微软最终夺取了网络浏览器市场领导者的地位。

- 竞争情报的基本概念
- 竞争情报的获取方法
- 竞争情报的分析

第1节　竞争情报的基本概念

竞争情报（CI），即Competitive Intelligence，也有人称为BI，即Business Intelligence。

竞争情报是指关于竞争环境、竞争对手和竞争策略的信息和研究。它是一种过程，也是一种产品。过程包括了对竞争信息的收集和分析；产品包括了由此形成的情报和策略。

根据SCIP（美国竞争情报专业人员协会）的定义，竞争情报是一种过程，在此过程中人们用合乎职业道德的方式收集、分析、传播有关经营环境、竞争者和组织本身的准确、相关、具体、及时、前瞻性以及可操作的情报。

竞争情报作为一个产品，它是一种信息，这种信息必须是：

（1）关于组织外部及内部环境的。

（2）专门采集而来，经过加工而增值的。

（3）为决策所需的。

（4）为赢得和保持竞争优势而采取行动所用的。

竞争情报具有三大核心功能：

（1）预警系统（监测、跟踪、预期、发现）。

（2）决策支持（竞争方式、生产决策、新市场、技术研发）。

(3) 学习系统（借鉴、比较、管理方法和工具、避免僵化）。

竞争情报工作就是建立一个竞争情报系统，帮助管理者评估竞争对手和供应商，以提高竞争的效率和效益。情报是经过分析的信息，决策情报是对组织具有深远意义的情报。

竞争情报帮助管理者分析对手、供应商和环境，可以降低风险。竞争情报使管理者能够预测商业关系的变化，把握市场机会，抵抗威胁，预测对手的战略，发现新的或潜在的竞争对手，学习他人成功或失败的经验，洞悉对公司产生影响的技术动向，并了解政府政策对竞争产生的影响，规划成功的营销计划。

第 2 节　竞争情报的获取

一、竞争情报的获取策略

1. 竞争情报工作的一般步骤

(1) 规划与定向。规划与定向就是了解竞争情报需求、建立竞争情报目标的步骤，包括三个基本问题：我们需要什么？为什么要知道这些？一旦知道，要作出什么决策、采取什么行动？

(2) 信息搜集。信息搜集是耗费时间和资源最多的步骤。在这一步骤中要解决的问题是要搜集哪些信息？信息源在何处？用什么方法获取？

(3) 信息加工。信息加工是一个初步鉴别、整理、序化的步骤，或者说是信息情报化的过程，没有分析的信息是毫无价值的。分析的目的就是要把从各方面搜集的信息置于竞争战略的考虑中去。

2. 明确“需”与“求”

“需”与“求”常处于分离状态，了解竞争情报需求是一个长期的磨合过程。情报人员要经常与管理人员进行沟通，了解他们到底需要和使用什么情报，并对情报人员进行培训。

3. 注意信息搜集的原则：连续性和系统性

情报人员往往不是从决策的角度，而是从采集信息的角度从事情报工作，导致情报分析报告偏离管理人员的真正需要。情报人员应该学会从管理者的角度搜集情报。

要从大量零散的信息中搜集有用的情报，情报人员就要完整地、连续地搜集各种资料，由此得出的信息才有意义。报纸分析法用于竞争情报正是系统性和连续性要求的体现。这种方法是为高层管理人员提供信息“马赛克”拼图。在作出决定时并不要求分析这张图中所有的小块，而是对关键的小块综合判断，创造出竞争对手的全面系统性的要求，包括综合运用各种信息源。竞争情报不是单一学科、专业和技术情报的研究，而是集技术、市场、经营管理于一体的信息整合，不仅需要搜集信息，更多的是要求投入研究者的智力去把握整体与部分、部分与部分间互相依存、互为因果的密切联系。

4. 分析问题，确定检索语言

任何“试检”首要的一步就是分析问题，要搞懂技术术语、概念的层次、公司之间复杂的关系、财务数据名称等，并确定相关的检索语言（分类、关键词、主题、时间要素等）。

5.“试检”与确定信息源

明确需求后，情报人员对能否找到所需信息是没有把握的，“试检”往往是履行合同、满足需求、调整搜集方案的重要一步。“试检”的直接目的是寻找恰当的信息源，并估算其费用、时间和人力。

二、信息源及竞争对手情报的获取方法

1. 公开资料

要善于从公开资料中发现线索，理论上讲，情报的95%来自公开资料，4%来自半公开资料，仅1%或更少来自机密资料。但在我国要从公开资源获取情报还是很有限的，这就要求情报搜集工作要敏感，要培养在公开资料中找到部分有用信息的能力。

（1）企业名录。

企业名录中的信息如企业规模、产品、产量、销量、销售额等信息不仅有助于初步确定竞争对手，了解其产品等一般情况，还可以借助统计年鉴等其他资料加工出所需的新信息，如产品的市场占有率、市场覆盖率、市场销售增长率、市场扩大率、竞争产品分布、竞争结构、同类企业实力比较等。

（2）产品样本。

产品样本是对定型产品的型号、技术规格、原理性能、技术参数所作的具体介绍，同时附有结构图和照片。产品说明书的内容更详尽，往往还列出产品的工作原理、用途、效率、结构特点、操作规程、使用、保养和维修方法等。产品样本和产品说明书直观性强、数据多，是从事计划、开发、销售、外贸专业人员了解产品、掌握市场情况的重要信息源。

（3）报纸和剪报。

尤其是行业报纸、经济信息类报纸和地方性报纸，是了解行业竞争态势的重要窗口。

报纸上刊登有上市公司股票交易简况、上市公司年度报告、工业企业规模/实力排序、竞争产品名单；专家对某行业或产品竞争状况的分析，如价格战、商战的报道是许多报纸的热点，通过“点评”、“现象透视”、“热点追踪”、“访谈”等专栏分析文章可以了解许多极有用的竞争性信息。

（4）专利文献。

专利文献内容详尽，既是技术文件又是法律文件。在竞争情报方面发挥几个重要作用：

1）专利文献是新产品开发的重要信息源。

2）专利文献还是市场竞争的重要手段。

3）监视竞争对手的专利申请活动。目的是阻止竞争对手专利申请成功，或抢先于竞争对手申请同类专利。

4）专利权的保护。

5）专利情报作为“预警系统”。

（5）上市公司年报。

上市公司的年度报告是极为有用的竞争情报信息源，几乎囊括了所有作为商业秘密的工业普查资料，包括营业收入、净利润、总资产、股东权益、每股收益、每股净资产、股东户数、持股数、名列前几名的股东情况、股本变化及股本结构、资金运用、会计政策、原材料、投资、负债、债券、库存等，以及客户情况、内部管理、人事等信息，不仅有数量指标，还有质量指标供分析时参考。

（6）行业性期刊。

行业性期刊集中了行业方面的企业动态、竞争态势、市场状况、各种消息、人员情况。行业性期刊有以下几种：学术性（技术性）期刊、评述性期刊（政策、进展、成就、趋势）、通讯性期刊（快报、短讯、消息、最新成果、人员流动）、资料性期刊（实验数据、技术规

范、法规、统计资料、商情)。

2. 电子信息源

(1) 数据库。

数据库可以提供更多的检索入口，情报人员可以用任何一个反映竞争对手特征的有检索意义的词作为检索入口，也可以通过把多个字段结合起来检索出一系列满足特定需要的公司。

数据库更新速度快、储存容量大、检索效率高。一个有经验的情报人员一次 4 小时的联机数据库检索所获得的信息，相当于他花 4 个星期在图书馆里查到的信息。

(2) 企业网站。

由于互联网发布信息容易，许多公司在网上公布大量信息，因此，竞争情报工作常从监测竞争对手的网页开始。通过监测对手的网页，可了解其产品种类的增减；查询其新闻发布内容，可知道他们是否在进行新的促销活动，是否得到了新的顾客或新的联盟等。定期监测有时会得到意外的收获。当然，网上的东西很多是没有用的，许多信息是暗示性的和零散的，但经分析后可能很有意义。

(3) 从网上讨论获得信息。

通过电子邮件、新闻服务和一些查询工具进入各种讨论小组，从而获得一些有价值的情报。互联网上的电子论坛一般是专题讨论，相当一部分电子论坛为公司所有，主题围绕其产品和服务，利用它就可以对行业内产品及服务进行讨论，了解供应商、销售商及消费者对产品的反映，获得竞争对手对本企业产品的评价，还可以了解参加讨论的人的情况，利用网上工具获取作者信息，建立资料库，必要时长期联系，跟踪获得有用情报。

3. 人际关系网（第三方）信息源

没有一个企业是在真空中经营的，它必然要同许多组织和个人打交道。第三方，指与本企业和竞争对手都发生联系的个人和机构的总称，包括用户、律师、经纪人、注册会计师、股评家、市场调查机构、银行、广告公司、咨询机构、经销商、供应商 、行业主管部门、行业协会、宣传媒体、消费者组织、质量检验部门、储运部门等。

据对一些中小企业经理的调查，大部分重要的情报来源于交谈、询问、采访等。询问是最直接的方法，询问对象包括客户、供应商、对手的现雇员和前雇员，甚至是竞争对手。

(1) 询问关键客户。

许多公司的客户既买本公司的产品也买竞争对手的产品，这些客户直接关系到公司的销售业绩。因为他们是同行的争夺对象，所以他们对同行展示的新产品非常了解，是公司的重要信息源。有时客户愿意如实告诉你竞争对手的产品、服务及定价，是因为这有利于他处于更好的砍价地位。向客户了解情况另一个有效的方法是密切参与客户的活动而从中获取有价值的信息。

(2) 询问供应商。

供应商可以提供的信息包括对手的生产产量或生产计划安排，供应商向对手供货的数量（根据供应商的生产效率和能力以及本公司的需求数量，间接推算竞争对手的需求量和生产规模）。

(3) 参加学术交流。

派工程师参加竞争对手的学术会议可以从交谈中听出弦外之音，分析出新产品开发情况和总体战略定位。

通过第三方了解竞争对手须谨慎。作为用户，许多竞争对手同第三方签有不泄露商业秘密的协议，在搜集信息时应尽量避免侵权问题。有的行业制定了职业道德，如注册会计师、律师、市场调查员，不能擅自泄露客户的经营或技术信息，不得违反与客户事先订立的保密协议。因此，要事先了解有关规定，区分不同的对象，采取不同的措施，讲究信息调研技巧，在法律许可的范围内获取信息。

4. 会议信息的搜集

各种类型会议已成为企业搜集市场信息的主要来源之一。例如技术交流会、产品鉴定会、专题讨论会、展览会和展销会、技术贸易会、招标会、信息发布会、洽谈会、科技集市、各类交易会等。

会议除了可以得到论文、产品说明书、产品目录这类文献外，还有各展台的文字图片介绍、有参考价值较高的科技或市场信息手册，有在技术招标、咨询服务和人才交流活动中产生的大量文件以及更多的洽谈、经验交流、录音录像等非文字信息。这种产品密集、商家密集、同行密集的场合是获取技术信息、市场信息和人才信息的最好机会。

第3节　竞争情报的分析方法

竞争情报的分析方法有很多，简单介绍以下几种：

一、SWOT 分析法

SWOT 分析法（态势分析法）是企业竞争情报工作中最基本、最有效而且简明的分析方法，是竞争情报工作人员必须掌握的方法。SWOT 代表 Strength、Weakness、Opportunity、Threat，分别是强势、弱势、机会、威胁。

不管是对企业本身或是对竞争对手的分析，SWOT 分析法都能较客观地展现一种现实的竞争态势；在此基础上，指导企业竞争战略的制定、执行和检验。对总的态势有所了解后，才有利于运用各种其他分析方法对竞争对手和企业本身进行更好的分析与规划。

二、专利分析

专利是竞争情报中最重要的信息源之一，故专利分析自然成为竞争情报中信息分析的一部分。随着全球竞争的激化，知识产权的保护日益严密，跟踪、研究、分析竞争对手的专利发明，已成为获得超越竞争对手优势的一个重要手段。

三、财务报表分析

财务报表分析是通过各种方法收集研究对象的财务报表，分析研究对象的经营状况、融资渠道以及投资方向等情报。财务情报的收集有一定的难度，但也有一些独特的方式，如政府有关部门、行业协会、市场调查公司、各种文献、上市公司中期报告和年度报告以及新闻报道等。利用财务报表分析能够对竞争对手的经营状况以及资金流动方向与数量等进行有效跟踪。

四、竞争对手跟踪

竞争对手跟踪，就是针对本行业内的竞争对手或先进企业，对其生产、经营、管理、开发等方面进行跟踪与监测，做到知己知彼，并据此对自己的战略战术作相应的调整与改进。

企业对竞争对手的跟踪，是竞争情报工作的核心内容。在 SWOT 分析与核心竞争力分析的指导下，对企业自身、对竞争对手的价值链进行跟踪。

复习思考题

1. 常见的网络竞争情报源有哪些?

2. 举例描述国内两家公司所应用的竞争情报系统。

3. 摩托罗拉公司在 20 世纪 70 年代，曾因不关注日本竞争对手的信息，在彩色电视机产业中败于竞争对手，于 1974 年退出彩电产业。到了 20 世纪 80 年代，摩托罗拉公司开始将精力从单纯地指责日本公司转移到想了解日本公司是如何获得全球领先地位的。首先，摩托罗拉公司成立了竞争情报部门，全面了解竞争对手的实力，将自己的运作模式与日本公司进行比较，通过比较，公司开始重视产品质量和生产管理，将生产出超过日本标准的产品确定为公司新的战略目标，对公司产品的研制、生产、销售及售后服务质量进行了严格的检测，制定了较高的管理标准，最终生产出竞争力很强的产品，成为国际移动通信设备市场的巨人。试用竞争情报的相关理论结合有关资料说明摩托罗拉公司成功的原因。

参考文献

1. 南京航空航天大学图书馆. 网络信息采集与应用. 北京：清华大学出版社，2005

2. 谢德体，陈蔚杰，徐晓琳. 信息检索与分析利用. 北京：清华大学出版社，2007

3. 刘金树，王栋南. 世界信息战. 沈阳：辽宁民族出版社，1993

4. 张晓娟. 网络信息资源：概念、类型及特点. 图书情报工作，1999（2）

5. 丘丽珍. 浅谈图书馆网络信息检索方法与技巧. 科技情报开发与经济，2006（23）

6. http://202.192.163.58/internet/page/kch-nr/page_2_7.htm

7. http://www.desktx.com/tungwah/article.asp? id=16

8. http://baike.baidu.com/view/3279.htm

9. http://zhidao.baidu.com/question/12636655.html

10. http://www.searchsecurity.com.cn/showContent_2023.htm

11. http://baike.baidu.com/view/110484.htm

12. http://www.lupaworld.com/928/viewspace_13994.html

13. http://libweb.zju.edu.cn/aduser/service/lesson/Teach/SearchYan/

14. http://www.calis.edu.cn/

15. http://www.sdcjxy.com:2966/HTML/wanfang.htm

16. http://www.cnki.net/gycnki/gycnki.htm

17. http://www.ssreader.com/

18. http://202.114.88.54/chem/chemical_resource/download/literature/zl_12.pdf

19. http://www.lib.stu.edu.cn/accessory/200767155438687.doc

20. http://qkzz.net/magazine/1005-7919/2007/01/864683.htm

21. http://www.google.com/corporate/index.html

22. http://wiki.mbalib.com/wiki/%E7%AB%9E%E4%BA%89%E6%83%85%E6%8A%A5

23. http://www.ziwu.org/bencandy.php? id=12006

24. http://lib.buaa.edu.cn/wxzy/wzsjk/t20050713_1640.htm

25. http://lib.ustb.edu.cn/upload/200705/20070522140352183.doc

26. http://www.bbioo.com/bio101/2007/20861.htm

27. http://hi.baidu.com/hoople/blog/item/cac9d6622ef2bbdde7113ab7.html

28. http://ks.cn.yahoo.com/question/1406122200016.html

29. http://www.kmcenter.org/blog/user1/jlccsht/archives/2006/11282.html

30. http://chwh.zjchzx.com.cn/ReadNews.asp?NewsID=1461

31. http://www.cnnic.net.cn/uploadfiles/doc/2008/1/17/104126.doc

32. http://www.hdxb.hqu.edu.cn/d/file/p/2007-06-05/8402fe3bfdc5099db0ad900297363a2f.pdf

33. http://www.calis.edu.cn/calis/lhml/biaozhun/5.htm

34. http://wxr.512j.com/dushu/tushuqingbao_manual/fenleibiaoyin.htm

35. http://www.du8.com/novel/html/20070122/164/8053.html

36. http://lib.whut.edu.cn/cms/resupload/00000000000000000003/012/1173608329046_1.pdf

37. http://baike.baidu.com/view/107838.htm

38. http://202.114.9.3/lib/dllib.nsf/1ce930115fcd2e7048256c9a0006f537/45ba08f01d4d9b8248256c9f000e24ac?OpenDocument

39. http://course.cug.edu.cn/cugfirst/info%5Fstructure/

40. http://www.hzcnc.com/2/培训资料/文献分类和主题标引培训教材.htm

41. http://www.tingko.com/Lunwen/ShowArticle.asp?ArticleID=86087

42. http://baike.baidu.com/view/1003371.htm

43. http://baike.baidu.com/view/1154.htm

44. http://www.cnindex.fudan.edu.cn/

45. http://zhidao.baidu.com/question/42240439.html?fr=qrl&fr2=query

46. http://www.wangchao.net.cn/bbsdetail_1769594.html

47. http://www.sim.whu.edu.cn/experiment/vlib.php

48. http://zy.swust.net.cn/02/1/jsjxxjs/

49. http://files.ciptc.org.cn/elms/upload/course/ciptc/jiansuo/5-5-1.html

50. http://lib.mmc.edu.cn/kejian/neirong/6.htm

51. http://121.22.16.126/study/wlxx

教师信息反馈表

为了更好地为您服务，提高教学质量，中国人民大学出版社愿意为您提供全面的教学支持，期望与您建立更广泛的合作关系。请您填好下表后以电子邮件或信件的形式反馈给我们。

<table>
<tr><td>您使用过或正在使用的我社教材名称</td><td></td><td>版次</td><td></td></tr>
<tr><td>你希望获得哪些相关教学资料</td><td colspan="3"></td></tr>
<tr><td>您对本书的建议（可附页）</td><td colspan="3"></td></tr>
<tr><td>您的姓名</td><td colspan="3"></td></tr>
<tr><td>您所在的学校、院系</td><td colspan="3"></td></tr>
<tr><td>您所讲授课程的名称</td><td colspan="3"></td></tr>
<tr><td>学生人数</td><td colspan="3"></td></tr>
<tr><td>您的联系地址</td><td colspan="3"></td></tr>
<tr><td>邮政编码</td><td></td><td>联系电话</td><td></td></tr>
<tr><td>电子邮件（必填）</td><td colspan="3"></td></tr>
<tr><td>您是否为人大社教研网会员</td><td colspan="3">□ 是，会员卡号：________
□ 不是，现在申请</td></tr>
<tr><td>您在相关专业是否有主编或参编教材意向</td><td colspan="3">□ 是　　□ 否
□ 不一定</td></tr>
<tr><td>您所希望参编或主编的教材的基本情况（包括内容、框架结构、特色等，可附页）</td><td colspan="3"></td></tr>
</table>

我们的联系方式：北京市海淀区中关村大街 31 号
中国人民大学出版社教育分社
邮政编码：100080
电话：010-62515912
网址：http://www.crup.com.cn/jiaoyu/
E-mail:jyfs_2007@126.com